ユーチューバー＆感涙映像クリエイター
山之内 真・著

秀和システム

# はじめに

## 「子ども達の可能性は無限大だ」何でも素早く身に付けられる子ども達の可能性を信じて

近年小学生が将来なりたい職業の上位にランクインするのが『ユーチューバー』なのですが、親が子供に就かせたくない職業の上位も『ユーチューバー』という結果があります。この見事なまでのギャップはどこからきているのでしょうか。

確かに職業という観点から考えると、収入などの不安定や遊びの延長との認識があるのも不思議ではありません。しかし、小学生の頃から映像制作のスキルや自己表現の方法を学べるというふうに考えるといかがでしょうか。月謝0円の楽しい習い事の一つとして…。

新型コロナウィルス禍でステイホームの時間が増え、スマートフォンでの動画視聴時間が飛躍的に伸び、また、有名芸能人などが相次いで参加したこともありユーチューバーという存在が改めてクローズアップされています。

本書では『ユーチューバー』というテーマに親子で取り組むことで、保護者の方も一緒にYouTubeを学び、子どもと一緒に理解を深めて動画制作の基本をマスターして頂ける内容となっております。とはいえ新しく始めるのに初期投資がかかるリスクは避けたいので、今や小学校高学年の7割を超える所有率の「スマートフォン」だけで完結できることをコンセプトにしています。お子様がスマートフォンをお持ちでない場合は保護者の方のスマートフォンでお楽しみください。

すでにユーチューバーをされている方や映像制作をされている方からすると、少し物足りないと感じるかもしれませんが、誰でも気軽に簡単に始められるよう初心者向けの内容に絞りました。本書を通して、お子様が早い段階からYouTubeの活用方法や映像制作のスキルを身に付け、より良い学生生活を過ごし、親子のコミュニケーションに役立ててもらえると幸いです。

2021年1月　山之内　真

# CONTENTS

## さっそくYouTubeに撮影動画をアップしよう

## 7 YouTubeで収入を上げるためのテクニックをこっそり教えます

# 1

## そもそも ユーチューバーってなに？

自分の作った動画で自分の好きなことを世界に発信するのがユーチューバー。誰でも気軽に発信できるから子どもから大人までたくさんのジャンルのユーチューバーが存在します。世界中のユーチューバーの動画は自由に無料で観ることができます。

# YouTubeとは

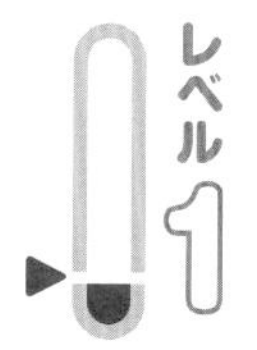


YouTube、知ってますよね？ YouTubeは、動画を観たり、投稿したりできる動画共有サービスです。YouTubeの一番の魅力は、動画を通じて世界中のユーザーとつながれること。まずは、いろんな動画をたくさん観て、感じて、自分のワクワクを見つけてみましょう。

## Googleが提供する動画共有サービス

YouTubeはGoogleが提供する動画の閲覧・投稿サービスです。

世界中から投稿された動画を無料で視聴でき、テレビ顔負けのおもしろ動画や解説動画も多くあり現在では若者の視聴時間はテレビをしのいでいます。スマートフォンの普及とともに誰でもどこでも手軽に視聴できる環境が整いました。

また自分で撮影した動画を投稿することもでき、趣味や特技、自慢のペットなど他人に観てほしいことを自由に投稿できます。テレビで活躍する有名芸能人や芸人さんもユーチューバーとしてデビューし、今後もこの流れは加速することでしょう。

日本だけでなく海外で注目されるチャンスがあることも魅力の一つですね。

## さまざまなジャンルがある

YouTubeにはテレビのような制限がほぼないので様々な動画があふれています。

企業のPR動画やプロや職人さんの企画動画から素人の動画まで幅広く存在し、自分と同じような境遇の人の動画に出会えるなど活用方法もたくさんあります。

主なものとして、商品紹介・ノウハウ解説・まとめ系・エンタメ系・ゲーム系・美容系・お悩み解決系などのジャンルが有名です。

## 観たい動画の見つけ方

YouTubeには検索窓と呼ばれるボタンがありそこに観たいキーワードを入力すると関連の動画がたくさん表示されます。

より深く知りたいときはキーワードにスペースを入れてキーワードを追加します。一度好きなキーワードを検索すると関連動画がおススメとして上位に表示されます。このAIによる自動おススメ機能で興味のない動画を観る無駄が省かれます。

# YouTubeに投稿するのがユーチューバーです

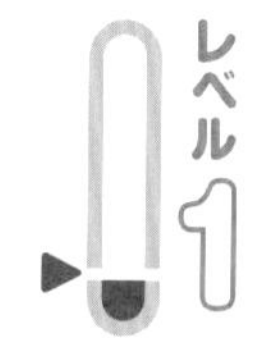


ユーチューバーは、子供の人気職業ランキングのトップ10に入るほどの人気ぶりです。では、ユーチューバーはどんな仕事なのでしょう？どうしたらなれるの？資格が必要だったり、年齢制限があったりするの？このレッスンでは、ユーチューバーという仕事について具体的に解説します。

## 自分の好きなことを世界に発信するのがユーチューバー

ユーチューバーは自分で作った動画を自分で発信します。一人で発信することも、家族や友達と一緒に発信するもよし、全て無料で世界中に発信できるところが魅力です。

昔はテレビ局など大掛かりなスタジオや機材スタッフが必要で、最近まで高価なパソコンやカメラが必要でしたが、今やスマートフォン一つ自宅で完結できるので気軽にユーチューバーを始められます。なかには多くの人気を得て大金を稼げるユーチューバーもいます。

## ユーチューバーは職業（しょくぎょう）なのか

YouTubeに動画を投稿することで十分にお金を稼げる人はユーチューバー＝職業といえます。

しかし稼げる金額は人によって大きく異なりYouTubeの収入だけで生活できる人はごくわずかで、別の仕事をしながら趣味や副業としてユーチューバーをしている人がたくさんいます。

ユーチューバーは小学生の将来なりたい職業ランキング1位に輝きましたが、ユーチューバーだけで生計を立てるのはカンタンではないのが現実です。

## ユーチューバーに資格（しかく）は必要（ひつよう）か

ユーチューバーになるのに必要な資格はありません。

スマートフォンが1台あれば動画の撮影・編集・投稿まで全て一人でできます。

最初に始める費用（イニシャルコスト）はなんと0円！

何かでお金を稼ごうと思うと弁護士や医師免許など資格が必要であったり、最初のお金（イニシャルコスト）が必要で始めるハードルが高いのですが、ユーチューバーは別物です。そのため競争率も高く多くの収入を得るためには人並み外れた努力と継続が必要です。とはいえ開業資金0円で世界をフィールドに開店できると考えると魅力的です。覚えておきたい基礎は本書で解説します。

# 人気ユーチューバーに話を聞いてみました

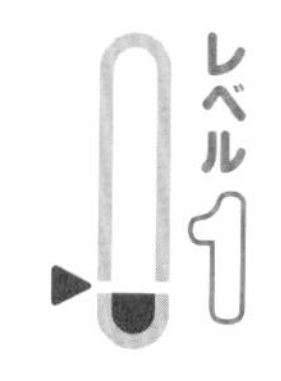


どうしてユーチューバーになったの？何年続けてるの？ぶっちゃけ年収は？ユーチューバーに聞きたいことはたくさんあるでしょう。このレッスンでは、有名なユーチューバーに、さまざまな質問に答えてもらいました。ユーチューバーになる夢を実現させるヒントにしてみましょう。

## 現役ユーチューバーに色々聞いてみた

実際にユーチューバーってどんな人なのか、どのようにYouTubeをやっているのか興味があったので、ユーチューバーとして大活躍中の日本一のマジシャンポンチさんにインタビューしました。

**山之内：ユーチューバーを始めたきっかけは？**
ポンチさん：下品な話ですけど最初はぶっちゃけお金ですね（笑）今から3年前株式投資で失敗してお金が無くなってしまった時、インターネットで色々と調べたらユーチューバーが儲かると出てきました（YouTubeが流行りだした頃3年前）。元々マジシャンをやっていて、その時にYouTubeでマジックのチャンネルを調べてみたら結構再生回数が伸びていたので、『ここの分野でトップになろう！』と決めてマジックに絞りユーチューバーとしての活動をしました。
**山之内：月10万円稼げるまでどのくらいかかりましたか？**
ポンチさん：僕は稼げるようになるのが早くて2か月ほどで初給料が20万円でしたね。3か月目にバズって約100万円いきました。今はYouTubeの仕組み自体が変わったので最初の数か月は稼ぎにくいかもしれません。
**山之内：投稿頻度はどのくらいですか？**
ポンチさん：始めたころは週2本くらいの動画をアップしていました。ユーチューバーをやり始めて1～2か月してから本気でやろうと決めて、毎日1本以上を投稿するようになり、多い日は1日に3本投稿したこともあります。
**山之内：今の目標は？**
ポンチさん：今登録者が27万人なので50万人を目標に頑張っています。僕のチャンネルを観て多くの人がマジックが上手くなってくれたら嬉しいです。
**山之内：何を大切に配信していますか？こだわりとか理念とかありますか？**
ポンチさん：これは明確に決めていて、自分自身が観たい動画を投稿することに徹しています。誰かのためではなくて、3年前5年前の自分が観たい動画をつくること！自分が始めたときにこういう動画あったら絶対観るなという、過去の自分に向けた番組作りを大切にしています。
**山之内：ユーチューバーをしていて壁にぶち当たったことはありますか？**
ポンチさん：実は最近ずっとなんですよ（笑）　ユーチューバーは継続が難しくて、ある程度稼げるようになると過去の動画だけでも収入が入るのでメンタル的に休みがちになります。また、一人で企画撮影編集するのでやる気が湧かないときにどうモチベーションを維持するかが問題ですね。再生回数がある一定を超えると、編集を外注に出す方が多いのですが、僕は編集をなかなか任せられないのでそこもネックになっています。継続力がカギなのと、今は芸能人も参入してきたので再生回数などの数字も難しくなってきていますね。
**山之内：一番やってよかったと思った瞬間は？**
ポンチさん：ズバリなのですが月収100万円を超えたときは嬉しかったですね。あとチャンネル登録者が1万人を超えたときに自分がやってきたことが正しかったんだなと実感しました。そして始めた頃の目標だったマジック系のYouTubeでトップの登録者数になったときに達成感が湧いてきました。
**山之内：性別や年齢などメインターゲットはありますか？**
ポンチさん：僕はメインターゲットを明確に絞っていて男性30代（20～40代）のみ！要はマジックを活用してモテたいという層ですね！今思えばやり始めた当初からターゲットを絞ったのが良かったと思っています。逆に女性の視聴者の方は、ほぼいないと思います。
**山之内：1再生当たりの単価は？**
ポンチさん：動画にもよりますが元々は0.3円とかだったと思います。やり方を工夫して今は0.7～0.8円くらいかな。広告単価は企業の決算の都合上12月3月が一番高いのでその時期は気合いを入れて投稿しますね。単価は動画の長さにも依存します。ある程度尺のある動画は広告を自由に付けられるので、観ていて飽きない企画を練って8分以上の作品を作るように心掛けています。
**山之内：これからも続けていきますか？**
ポンチさん：はい！動画コンテンツはこれからも続けていきます。その時々の時代でYouTubeが流行っているならYouTubeだし、他のプラットフォームに勢いがあればそちらでも投稿していきたいですね。何よりユーチューバーは魅力的だしやっていて楽しいんです。
**山之内：最後に小学生ユーチューバーに伝えたいことは？**
ポンチさん：正直、自分に何か武器がない状態ではじめるのはおススメしないです。好きなことがあるから突き詰めて仲間が集まってくる感覚ですね。『これが好き！』で同じ仲間を見つけたいからYouTubeやるという考え方の方が良いと思います。今のYouTubeは僕が始めたころと比べれば別物で、もし今から始めたらもっと苦しかったと思います。当時は芸能人の方も「YouTubeなんか。」と批判的な声が多かったので、あの時人より若干早く始められたことが良かったと思います。たまたま運のタイミングが良かったんですね。とはいえ会社をはじめて1年で黒字になることはほとんどないですし、元手ほぼ無しで始められるのがユーチューバーの魅力なのでやった方がいいのは事実です。こんな僕でも続けてこられたので、小学生のみんなも得意なことを活かしてユーチューバーの世界で楽しい未来を目指してください。

**ポンチさん　プロフィール**
YouTubeチャンネル名【日本一のマジシャンポンチ】
愛知県岡崎市出身1992年生まれ28歳男性。小学5年生頃からマジックに興味を抱く。高校の当時の先生に言われて一人マジック部をはじめ週一で先生にネタを披露。大学は行かずにNSCに入って上京。上京初日に駅でストリートマジシャン見て大したことないなと思い自身もやってみるすると3時間で1万円ほど稼げるからNSCやめてストリートマジシャンの道へ。現在は、マジシャン番組の他2本のYouTubeチャンネルを運営しユーチューバーとして活躍中

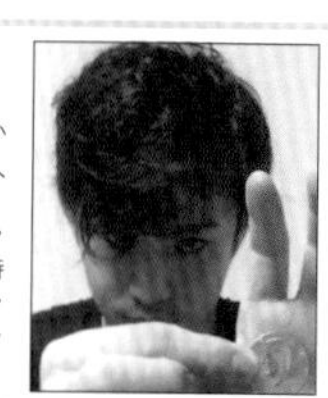

# 収益は一番の目的にしない方がいいよ

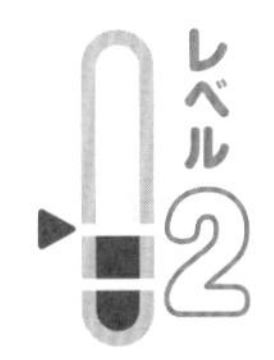


おもしろい動画を作って、それが収入になるなら…と考えてしまいがちですが、ユーチューバーが収入を得られるようになるまでには、多くのハードルを越えていく必要があります。収入を目標にしても長続きしません。自分の「好き」を見つけて、たくさんの人に観てもらうことに注力しましょう。

## どうしたらお金がもらえるの

YouTubeで収益化出来るようになるためにはYouTubeパートナープログラムを利用しなければなりません。

そのためにはチャンネル登録者1000人・総再生時間4000時間（直近1年）というハードルがあります。このハードルをクリアして初めて広告収入というお金を得ることが出来るのですが、このステージのユーチューバーは全体の10％程度だと言われています。知名度のある芸能人でも上手くいかないケースがあるのも事実ですね。

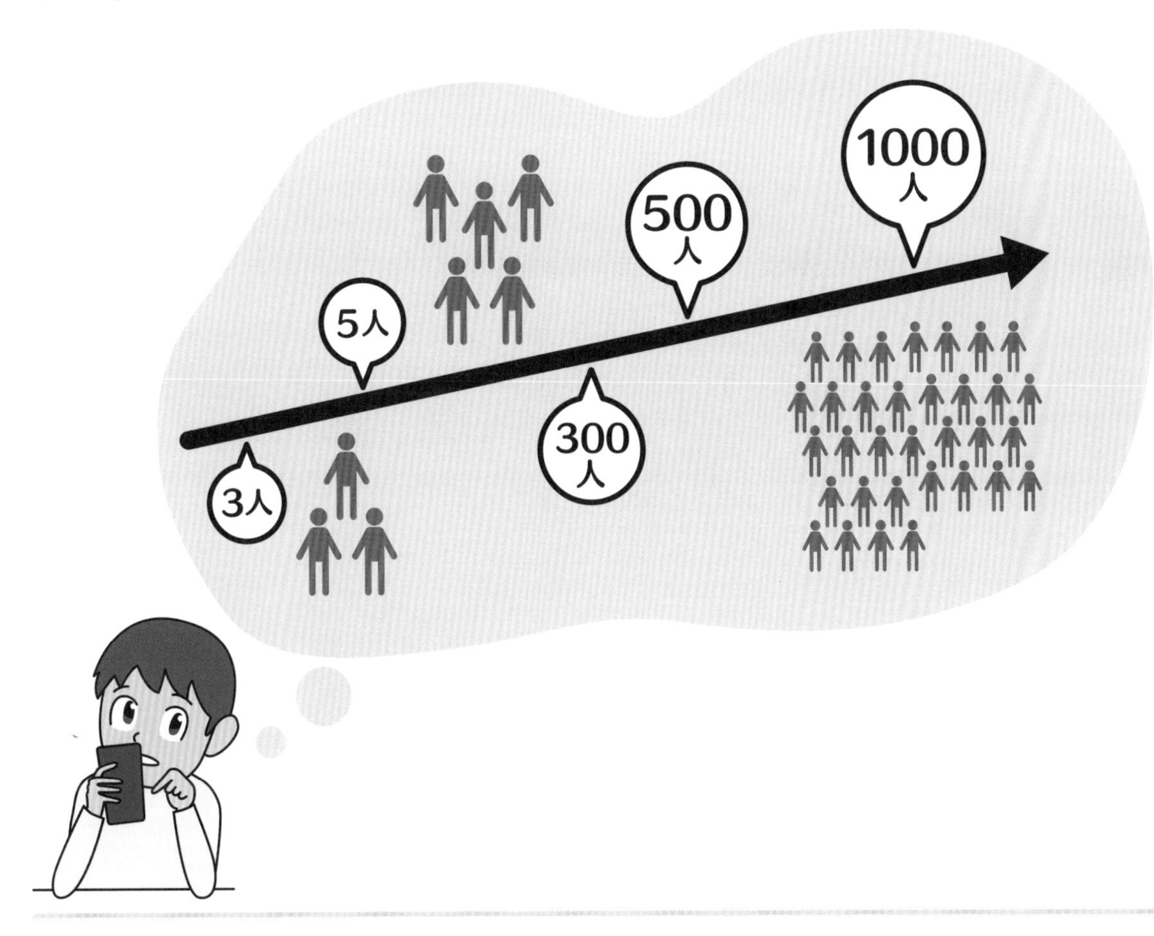

## 人気(にんき)がなくても続(つづ)けられるのか

自分の動画の視聴回数や登録者数が少ないからと言って辞めさせられることも肩たたきにあうこともありません。これは雇われない生き方で自由と責任がともないメリット・デメリット双方の要素あります。

**メリット：誰にも命令や制限されずに自分の好きなことをやり続けることができる**

**デメリット：人気が出なければお金にならず生活できない**

実社会での独立や起業に近いものがあり、商品選択や企画・制作・販売・経理・再投資などを体験できることは多くの学びを得られます。だからこそ自分の好きなことを投稿し続けましょう。事業や起業でも同じことが言えますが、お金が全ての目的では途中で挫折してしまいがちです。

## 継続(けいぞく)は力(ちから)なり

自分が好きなことは何か？本当に伝えたいことは何か？一人でも多くの人に伝えることができたら嬉しいなど最初の理念が目的であれば楽しく続けられます。

それがより多くの人の目に留まれば結果として収益がついてくるわけです。この自分の好きを発見することこそがユーチューバーとしての活躍に限らず今後様々な局面で活きてくることでしょう。本書では自分の好きを見つけて好きな人に発信する力を身に着けられます。

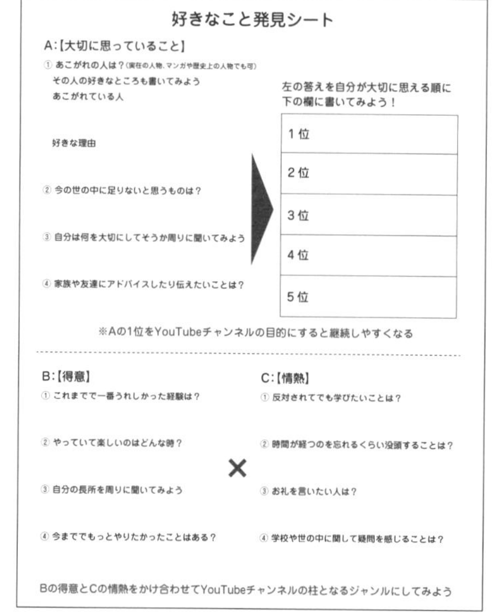

好きなこと発見シート

A:【大切に思っていること】

① あこがれの人は？（実在の人物、マンガや歴史上の人物でも可）
その人の好きなところも書いてみよう
あこがれている人

好きな理由

② 今の世の中に足りないと思うものは？

③ 自分は何を大切にしてそうか周りに聞いてみよう

④ 家族や友達にアドバイスしたり伝えたいことは？

左の答えを自分が大切に思える順に下の欄に書いてみよう！

| 1位 |
|---|
| 2位 |
| 3位 |
| 4位 |
| 5位 |

※Aの1位をYouTubeチャンネルの目的にすると継続しやすくなる

B:【得意】

① これまでで一番うれしかった経験は？

② やっていて楽しいのはどんな時？

③ 自分の長所を周りに聞いてみよう

④ 今まででもっとやりたかったことはある？

×

C:【情熱】

① 反対されてでも学びたいことは？

② 時間が経つのを忘れるくらい没頭することは？

③ お礼を言いたい人は？

④ 学校や世の中に関して疑問を感じることは？

Bの得意とCの情熱をかけ合わせてYouTubeチャンネルの柱となるジャンルにしてみよう

※このシートは巻末に大きく掲載しています（P.141）

# 2

## ボクもワタシも ユーチューバーになれる！

もしあなたに一つでも好きなことや得意なことがあればすぐになれます。今思い当たらなくても問題ありません。今は隠れている自分の中の好きを本書と一緒に探していきましょう。何より大切なのはあなたに好きや興味があることです。この章では小学生ユーチューバーならではの強みを学んでいきましょう。

# 誰でもなれます　ユーチューバー

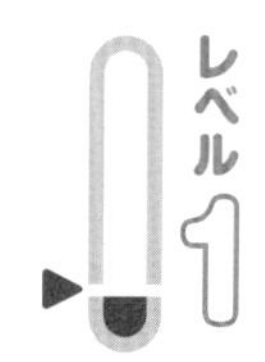


ユーチューバーになるには、抜き出た才能や高額な機材が必要だと思いがちですが、スマホが1台あればそれで十分です。特別な勉強や資格も必要ありません。どんな動画を投稿したっていいんです。熱意とアイデアがあるなら、すぐにでも動画を撮影してみましょう。

## ユーチューバーを始めるにあたって

上手に話すのが苦手だし、動画編集とか難しそうだし、編集ソフトとか使ってすごいクオリティ高いものをアップしないといけないと思っていませんか？

特別な機材やトーク力は必要ないのです！スマホ1台あれば撮影から投稿まで全て完結できます。撮り直しも自分で何度だってできるので安心してください。どんどん投稿すれば慣れてくるし、欲しい機材が出てきた時には誰かに誕生日プレゼントでお願いしてみましょう。

※動画の撮影方法や投稿の仕方は本書で分かりやすく説明します。

## 投稿内容は自由

YouTubeの世界は学校と違って、足し算をしなさいとかお花の絵を描きなさいといった制限が全くないのです。むしろ他の人と違うことをした方が人気が出るほど！ただし他の人を傷つけることや誹謗中傷することは禁止されています。

あなたの中に眠っている好きの才能をYouTubeを通して世界に発信しましょう。投稿する内容が自由だからこそ始めるハードルはとても低いのです。

## 最高齢ユーチューバーと最年少ユーチューバー

日本人では93歳からユーチューバーを始めた方がいますし、世界でもっとも稼ぐユーチューバーの1位と3位はなんと8歳と5歳の子どもです。

この事実だけで誰でもいつでも始められることが伝わると思いますが、どんな年齢や環境でもまずやってみることが肝心です。まずは一歩目を踏み出す勇気を持ちましょう。『やった失敗よりやらなかった後悔の方が大きい』のです。

# 小学生のあなたはユーチューバーに向いているよ

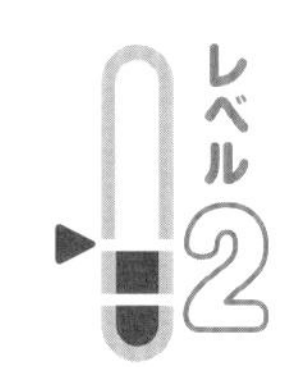


知識も経験もないから小学生はユーチューバーにはなれない…なんて思っていませんか？常識や既成概念にとらわれない子供こそ、ユーチューバーに向いているのです。好きなものは何ですか？逆に嫌いなものはありますか？どうして好きなのか、嫌いなのかを話すだけでも、1本の動画ができます。

## 考えてばかりいちゃ日が暮れちゃうよ

これは相田みつをさんという有名な詩人の言葉です。大人になるほどあれこれ考えすぎて中々行動に移せない人が多くなりますが、小学生だからこその行動力や直感力、素直さが視聴する人の心にも刺さりやすいのです。

小学生ならではの発想に自信を持って人気ユーチューバーを目指しましょう。

## 過度な演出やテクニックはYouTubeでは必要ない

プロの映像クリエイターが仕上げたような動画もたくさんありますが、クオリティが高いからと言って再生回数が伸びる訳ではないのがYouTubeの世界。

ありのままの日常や素人っぽさが逆にウケて共感を呼び再生回数が伸びる作品も多くあります。ビギナーズラックという言葉があるように純粋な気持ちでシンプルに始めてみましょう。実際にテクニックにこだわらない多くの小学生ユーチューバーが活躍しています。

## 世界でトップのユーチューバー

2019年もっとも稼ぐユーチューバーの1位はアメリカテキサス州に住むライアン・カジ君（8歳）で年収はなんと28億5千万円！ライアン君は3歳のころからおもちゃを紹介する動画などを配信していました。3位は、ロシアのアナスタシア・ラジンスカヤちゃん（5歳）で年収20億円以上！父親と遊ぶ動画が人気を博し年収はおよそ20億円！（2019年Forbes Japan記事から引用）

このようにユーチューバーの世界では年齢という壁はなく、むしろ最も稼ぐユーチューバーに10歳未満の子どもがランクインしているのです。あなたがもし稼げたらお父さんやお母さんに何をプレゼントしたいかな？

# YouTube動画は企画力と愛が大切なのです

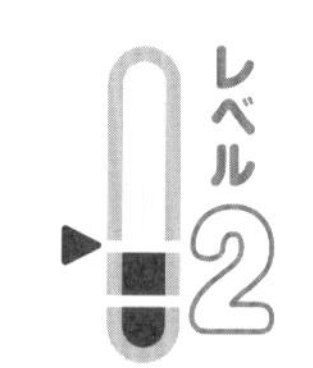


アイデアが浮かばないから無理だとあきらめていませんか？投稿内容はなんでもいいんです。身の回りにおもしろいこと、ありませんか？自由にアイデアを書き出してみましょう。その中に、ヒントが隠れています。いいアイデアが見つかったら、具体的にイメージを膨らませて計画を練りましょう。

## 企画って何？

企画とはあることを行うために計画を立てることです。

ユーチューバーでの企画とは人に何を伝えたいのかを考えて、どうしたら伝わりやすいかを考え、そこからどういう動画を作るか計画を立てることです。

最初から人気を得るのは難しいですが、自分の好きなことを上手に伝えられるように計画を立てることも楽しさの一つです。動画を撮っているだけではなくてお風呂に入っているときや寝る前のちょっとした時間などに楽しい企画を考えてみましょう。

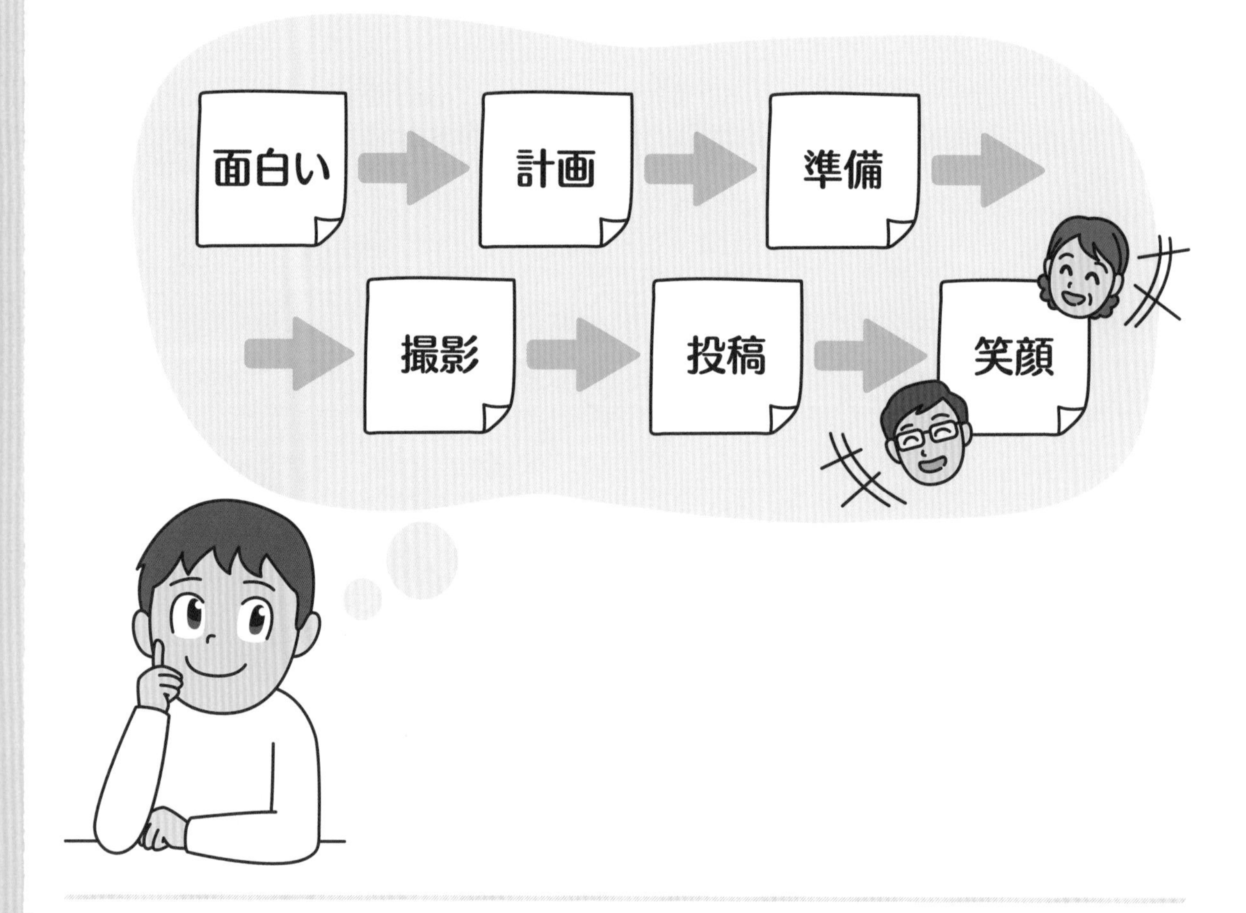

## 自分の好きを発信するから楽しんで取り組めます

楽しいことをやっているとどんどんアイデアが出てくるのでそれをまとめて企画になるようにしましょう。好きなことを伝わりやすくすることこそが観てくれる人たちへの愛です。

おばあちゃんや先生など好きな人をイメージして、どうやったらもっと笑ってくれるかなと思いを馳せることが愛の原点です。

## 勉強や仕事にも共通する

企画力を身に着けるとおのずと計画性が高まります。

例えば近所の美味しいラーメン屋さんをみんなに知ってもらいたいと思ったとします。ここでどう撮ればみんなに伝わりやすいかと考えます。店に入るときから撮るのか、料理が出てきた瞬間の湯気を撮るのかなど想像を膨らませます。そして撮った動画を投稿した後の再生回数の伸びなどもイメージすることでしょう。

これは仕事で契約を取るためにどう準備して何を用意するのかや、今度のテストで今までよりよい成績をとるために何を準備するか、マラソン大会で順位を上げたいから下校時は軽く走って帰る、など計画性を育むことは様々なことに応用されます。

単にユーチューバーといってもそこから得られる知識や経験は実社会でも役に立つことが多くあるので若ければ若いほど得た経験を活かす機会が増えるのです。

また今ある問題解決もYouTubeで検索すると様々なユーチューバーが教えてくれます。かけっこがぐんぐん速くなる簡単法・効率のよい勉強法などです。

# 高価な機材やソフトは必要ないから安心してね

カメラマンや照明さん、音声さんといった専門家じゃなきゃ質の高い動画は撮れないと思っていませんか？スマホをなめちゃいけません。画質はデジカメ並みですし、携帯できるからスクープ動画だって逃しません。無料の動画編集アプリで編集して、すばやく投稿することだってできちゃうのです。

## 一眼レフカメラや高価なパソコンがないとよい映像が作れない時代なんて古い！

一昔前映像と言えば、テレビ局など大きなスタジオで大きな照明やプロ仕様のカメラやマイクを使い、しかもそれぞれにカメラマンさん・音声さん・照明さんなどの専門家がついてたくさんの人が関わって一つの映像を作り上げていました。

しかし今はスマートフォン1台あれば撮影・編集・投稿まで全て完結できます。映像の完璧さよりあなたの中にある好きや得意をみんなは求めているのです。

## スマートフォンの威力

もう知ってる人も多いと思いますが、あなたが今手に持っているスマートフォンはすごいスペック（性能）を備えています。

写真を撮るなら昔のデジタルカメラ以上、動画を撮るのも昔の業務用ビデオカメラ以上の画質を備えています。また編集に至ってもプロソフト顔負けの高性能なアプリが無料で使えます。YouTubeへの投稿もパソコンを使わなくてもスマホ一つで簡単にアップできるのです。

こんなに高性能な端末を電話やLINEでしか使ってないなんてもったいないです。

## スマートフォンのメリット

スマートフォンは常に持ち運んでいるからシャッターチャンスを逃さないのです。

もし高価な一眼カメラや機材がなければ撮影できないとしたら、突然出会う楽しいことを撮り逃してしまいます。私も仕事で一眼カメラを使いますが機材のセッティングや準備が必要で、偶発的な一瞬の撮影はポケットにあるスマホでサッと撮影します。そしてスマートフォンは編集場所にも制限がないので、電車の中やちょっとした待ち時間でも編集作業をすることが出来ます。

## 裏ワザ

第1章で企画力がカギといいましたが、企画は頭に描き文字や絵に書き出して保存する必要があります。常にノートとペンを持ち歩いていたら良いのですがちょっとした外出時などはスマートフォンのメモ帳を使うのが便利です。

スマートフォンがあればいつでも企画を書き込めるので、日々の生活の中でふとした時にひらめいたことをメモ帳アプリにこまめにメモしておきましょう。

アプリを開いて打ち込めないときはボイスメモでしゃべった言葉の記録もできます。また撮影や編集の時もメモ帳アプリに残した企画がスマホの中にあり一台で完結できるので便利です。

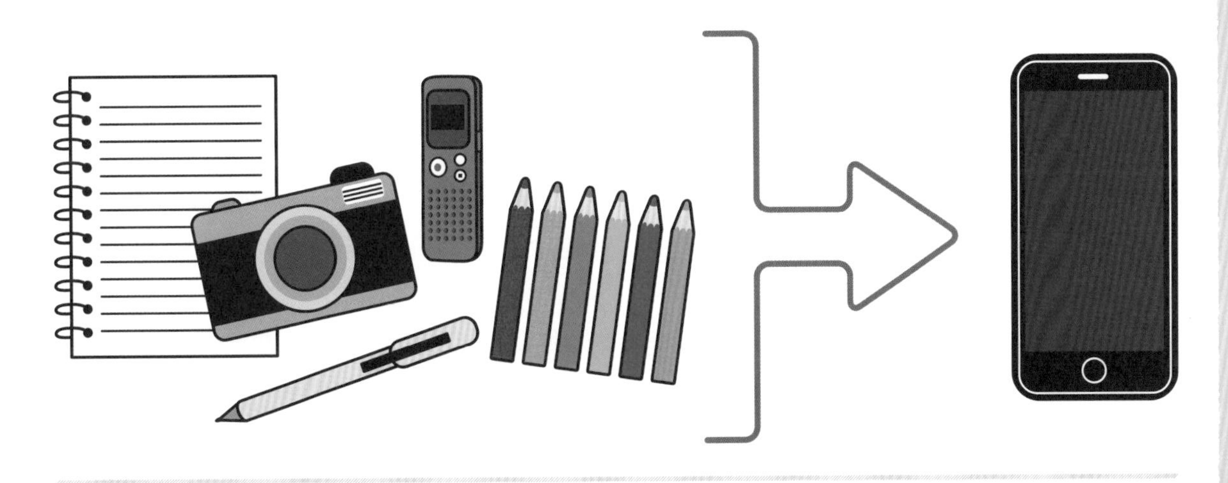

# 13歳未満は親御さんと一緒に作ってね

YouTubeに動画を投稿するには、Googleアカウントが必要ですが、13歳未満では作成できません。これは、犯罪などの危険から子供を守るための規約です。ユーチューバーに年齢制限はありませんが、13歳未満の場合は保護者に許しを得て一緒にアカウントを作成して、動画を投稿しましょう。

## YouTubeへ動画を投稿するにはGoogleアカウントが必要

第1章でも述べましたがYouTubeはGoogleが提供する動画の閲覧・投稿サービスです。そのためYouTubeに動画を投稿するためにはGoogleアカウントを使う必要があります。

## Googleアカウントとは

Googleが提供するサービスを便利に利用するための証明書のようなものです。

このアカウントを取得することによりYouTubeに動画を投稿できるようになる他、Googleが提供する様々なアプリを便利に使用できるようになります。ユーチューバーとして動画を投稿する際はGoogleアカウントが必ず必要になります。

アカウントの詳しい作り方は後ほど詳しく説明しますね。→レッスン32

## Googleアカウントは13歳以上でなければ作成できない

Googleアカウントは13歳未満では作成することができません。

小学生のあなたは保護者が所有するアカウントか、保護者と一緒に新たにアカウントを取得してからユーチューバーを始めてください。また、保護者の方のファミリーリンクを使って開設する方法もあります。

# 3

# ユーチューバーになるために何が必要？

全くの初心者からユーチューバーを始めるにあたって必要最低限の機材を紹介します。構成台本・カメラ・照明・マイク・編集用パソコン等々これらは全て必要ありません！そう！これらすべてが凝縮されているのがスマートフォンです。ここではスマートフォンの威力と、あると便利なグッズを学んでいきましょう。

# スマートフォンがあればイイ

YouTubeに動画を投稿するには、撮影、編集、投稿という工程が必要ですが、すべての作業はスマホで行えます。撮った動画をすぐに編集して、そのままYouTubeに投稿できるのです。また、スマホでは、投稿した動画を再生したり、管理したりすることもできます。

## 最近のスマートフォンはカメラも機能も飛躍的に向上しています

スマホカメラの写真の画素数は1000万画素を超えるもの、動画の解像度は1080pのハイビジョン撮影できるモノも多くあります。機種によっては4K撮影も可能です。

普通のビデオカメラやデジカメより高性能なものだってあります。しかも一番身近に持っているんだし、こんな便利なものを使わない手はないです！

### カメラの解像度設定（例：iPhone）

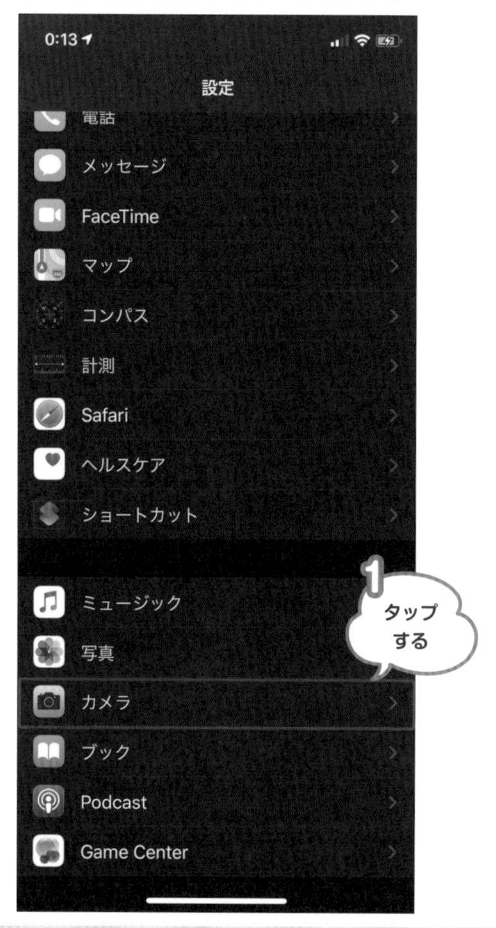


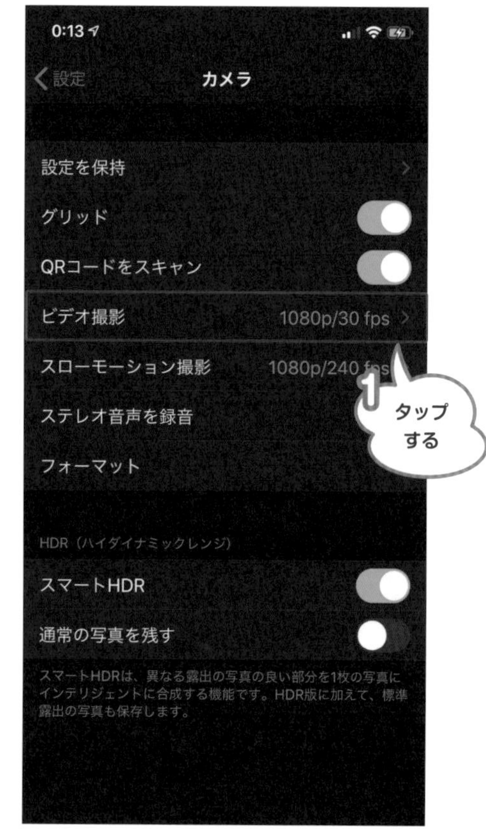


▲設定アプリから動画撮影の解像度/フレームレート設定ができます

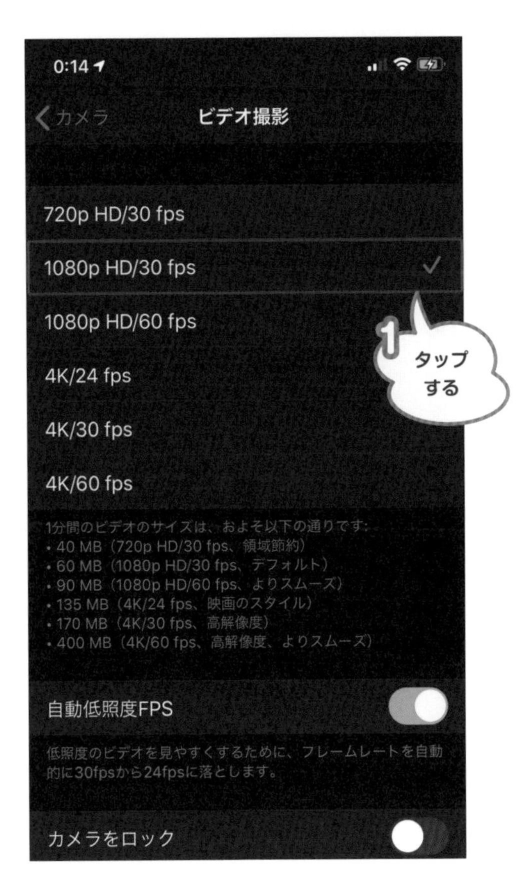


▲解像度とフレームレートを決定します

## YouTube動画(どうが)を視聴(しちょう)するときだってスマホが綺麗(きれい)で快適(かいてき)！

今のスマホは綺麗な画面で写真や動画が観られます。

YouTubeを観るには申し分のないディスプレイ解像度です。また少し早送りしたい場合（スキップ送り）や戻して観たい場合（スキップ戻し）などダブルタップで直感的に操作できます。スキップは設定画面で5秒～60秒に設定可能です。

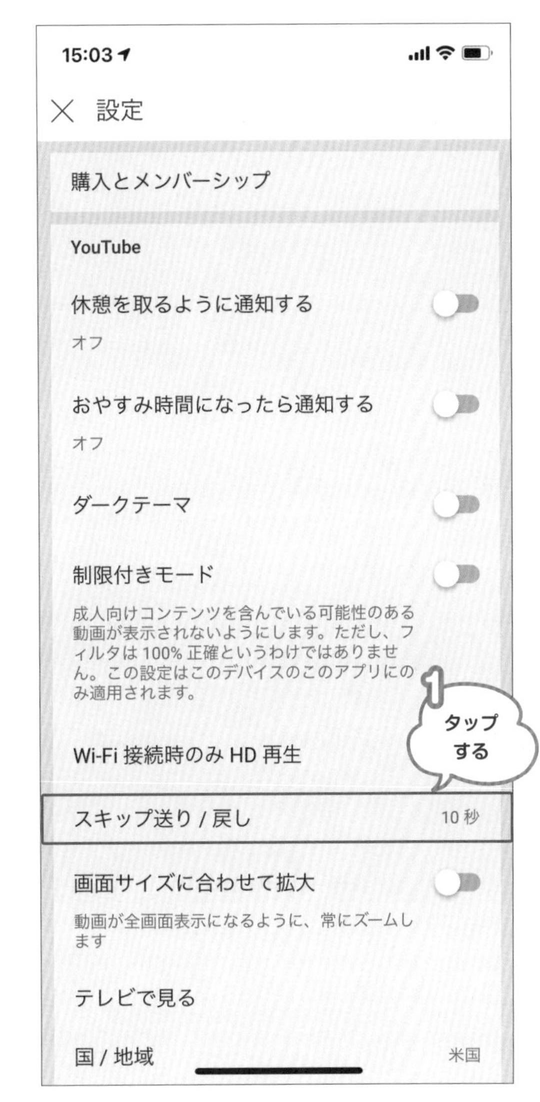

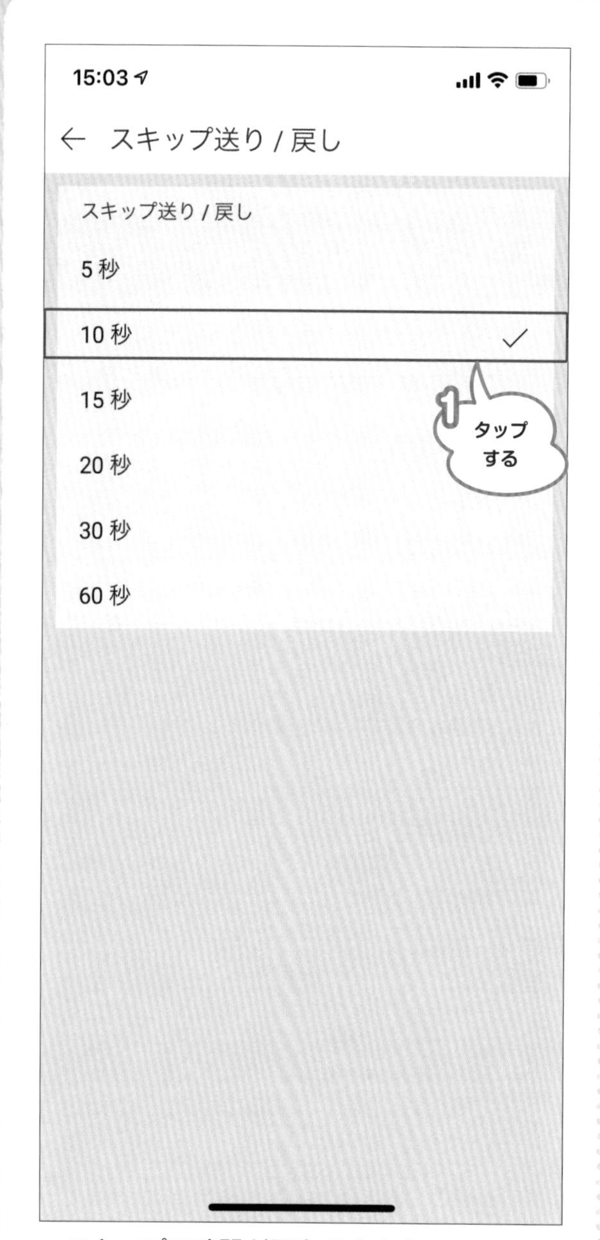


▲スキップの時間が設定できます

## 動画編集もお手の物

無料アプリを使えば簡単な操作でクールな映像が作れます。日々のひらめきや発想を企画としてスマホ内のメモ帳アプリにメモしておけば、ペンやノートを開かなくても撮りたいときにサッと撮影編集できます。

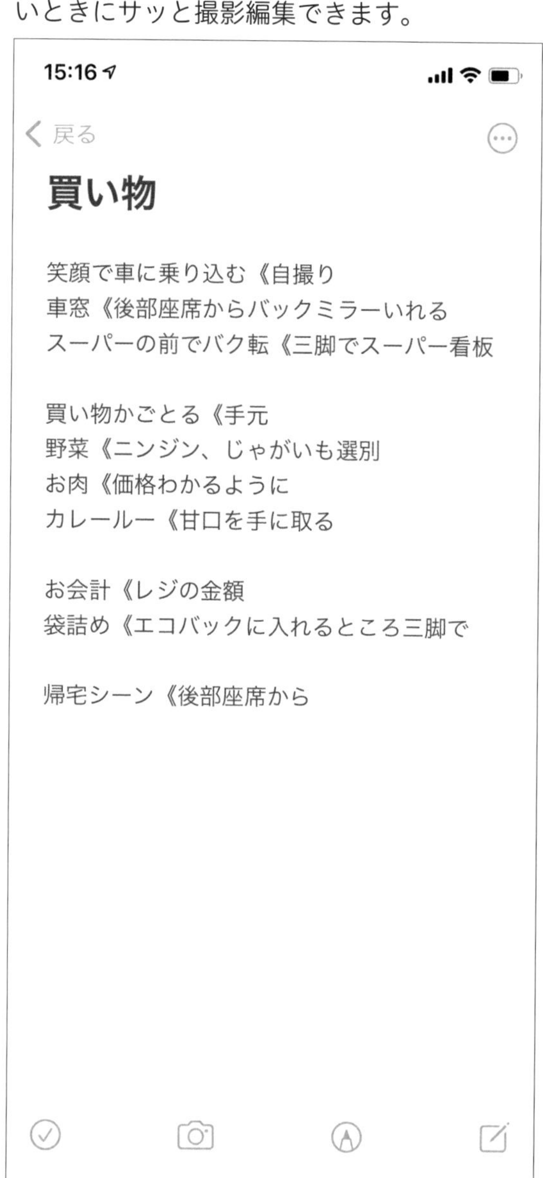


▲メモアプリはとても便利です

# スマホスタンドがあれば鬼に金棒

スマホのカメラ機能は著しく向上していますが、手持ちで撮影した動画は、ブレてしまうため落ち着いて観ていられません。気持ちよく観てもらえる画像を撮るために、スマホスタンドを用意しましょう。スマホスタンドは、100円均一ショップでも売られていますし、自作することもできます。

## スマホを固定することが大切

料理風景やプラモデル作りなど何かを撮るときも、自撮り（自分を客観的に撮影）するにしてもスマホを手に持って撮影すると手振れして観にくい映像になります。そんな時にスマホを固定することが大切です。スマートフォン専用の三脚も色々と販売されていますが最初は自作するか安いもので十分です。

## 無料で自作できるトイレットペーパー芯のスタンド

どこの家にでもあるトイレットペーパーの芯で出来るスマホスタンドです。トイレットペーパーの芯に穴をあけマスキングテープなどで飾りつけもできます。空洞の部分があるので充電ケーブルも通せるので長時間の撮影にも最適です。

## 百均のスマホスタンド

スマホスタンドもピンからキリまであって、足が長く伸びたりリモコン付きのものなど高価なものから、100円ショップでも売っているお手頃なものまで色々なスマホ専用スタンドがあります。自作のスタンドで飽き足らなくなったら近くの百均ショップに足を運んでみてください。スマホでユーチューバーを始めるには十分な性能のものがたくさんあります。

# 編集アプリは無料のもので充分です

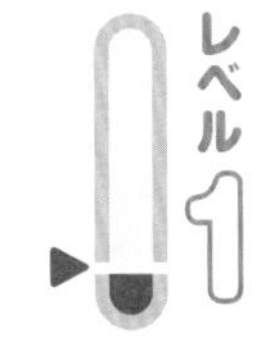


動画の編集には、長さを編集するカット機能とテロップを挿入する機能、BGM・効果音を挿入する機能があれば、ある程度の品質の動画を作れます。iMovieやVLLOといった無償のアプリを使って、無駄なシーンをカットし、テロップやBGMを効果的に挿入して、楽しい動画を作りましょう。

## アプリで必要な機能

撮影した動画をそのまま投稿することもできますが、視聴者に分かりやすくするためにユーチューバーとしてYouTubeに投稿するには動画を観やすく編集する必要があります。

最低限必要な機能はカット編集とテロップ挿入機能。カット編集とは動画の無駄な部分をカット(削除)して観やすくすること。話しているときの『え〜』とか『あの〜』など無駄な部分をカットすることで圧倒的に観やすくなり尺も短くできます。テロップ挿入は重要な部分にテロップを入れることでとても伝わりやすくなります。

テロップ例

## 有料アプリと無料アプリの違い

撮影した動画を編集するアプリも有料無料問わずたくさんあります。

結論、有料と無料の違いはほぼないです。無料のものはウォーターマークが表示されたりアプリ内での機能が制限されることがありますが、初心者のYouTube編集ではほぼ必要ないです。ここではお金をかけずに0円でスタートする方法を伝授します。アプリ選択の優先順位として①無料②ウォーターマークやアプリロゴが表示されない③簡単を基準にしてみました。

| 編集アプリ | 対応機種 | 有料・無料 | 主な特徴 |
|---|---|---|---|
| iMovie | iPhone | 無料 | iPhoneに入っているアプリ。シンプルな操作性が初心者向き |
| VLLO | 両対応 | 両方あり | 必要十分な機能がある。テロップなどのアニメ効果が多数 |
| VideoShow | 両対応 | 両方あり | テーマを選んで簡単に作れるが、無料版には機能制限が多い |
| Magisto | 両対応 | アプリ内課金 | おしゃれな動画を簡単に作れる。編集できる動画に時間制限 |
| PowerDirector | Android | 両方あり | パソコンの人気ソフトのモバイル版。無料版の機能で充分 |
| InShot | 両対応 | アプリ内課金 | スタンプ機能が充実していて、個性的で楽しい動画作成ができる |
| VivaVideo | 両対応 | アプリ内課金 | 機能が豊富だが、課金しないと使えない機能が多いのが残念 |
| Triller | 両対応 | アプリ内課金 | 先に音楽を選んでから動画撮影をするというのが逆に面白い |
| Adobe Premiere Rush | 両対応 | アプリ内課金 | プロ仕様の編集アプリ。初心者には難しいが将来は使ってみたい |
| LumaFusion | iPhone | 有料 | コーデック機能やフレームレートなどプロ向けの機能が豊富 |

## デフォルトアプリ

### iPhoneならiMovie　アンドロイドならVLLO

iMovieは動画編集を簡単に理解するには最適なアプリです。カット編集やテロップ挿入、BGM、効果音など基本的なことは全てできます。編集した動画を書き出してスマホに保存もできるしそれをYouTubeアプリで投稿もできます。

ただ観やすいサムネイルを作る・テロップを2つ以上入れる・ワイプで別映像を挿入するなど細かなことが出来ないデメリットがあります。

### iPhoneなら『iMovie』

### Androidなら『VLLO』

## おススメアプリ

iPhoneアンドロイド共通で使用できる無料アプリでおススメがVLLOです。

VLLOは簡単な操作で動画編集できる点は他アプリと変わりませんが、出来ることが圧倒的に多いのがポイントです。BGM・効果音・声・テキスト・写真などレイヤー構造になっていてとても分かりやすいUIです。またラベルという項目もあり動くスタンプのようなものも簡単に動画に挿入できます。YouTubeで大切なサムネイルもこのアプリで作ることができます。

上記項目の全てを無料で使用できるのは驚きです。

チェック

### VLLOのメリットデメリット

無料版VLLOはパソコンソフトと同等のクオリティの編集を直感的に操作できること！カット編集はもちろんのこと動画の順番変更やサイズ変更、動画ごとのミュートやフィルター、スロー再生など本書では説明し切れない機能も無料でたくさん装備されています。無料版のデメリットとしては抽出時（動画の書き出し時）に広告が表示されることです。必要のない広告をタップしないように、また広告の表示途中に辞めてしまうと書き出しもストップされてしまうので広告が終わり左上に×表示がされるのを待ちましょう。

# 作ることを楽しめるから続けられます

動画の投稿を続けるには、好きなジャンルを見つけることが大切です。1つだけだと行き詰まることもあるため、3つくらいのジャンルを用意しておくとよいでしょう。また、できるだけすばやく撮影、編集できるように、スマホの画面上で操作しやすい位置に必要なアプリのアイコンを配置しましょう。

## 好きなジャンルで始めること

これまでにも何度も出てきましたが何より自分の得意なことや好きなことから始めることが大切です。

YouTubeにアップしなくてはいけないなどと思わなくても好きなことは自然とやっています。継続は力なりという言葉があるように好きなことなら無理なく続けられます。

ユーチューバーを始めるにあたって1つのジャンルだけではアイデアや企画に行き詰まりやすいので、できれば3つのジャンルで始めることをお勧めします。ジャンルが多過ぎると視聴者に伝わりにくくなるので注意しましょう。

## サッと気軽(きがる)に撮影(さつえい)すること

特異なことや好きなことをしているならまずは気軽に撮影してみること。

スマートフォンのカメラ動画モードで撮影しますが、いつでもサッと撮影しやすい方法としてカメラアプリをメイン画面の一番触りやすい位置に移動しましょう。こうすることで撮影のいう作業がより簡単に出来るようになります。

▲事前のセッティングが大変

◀すぐにその場で撮影できる

## 簡単な操作で動画を編集できること

ユーチューバーになるためには動画の編集は欠かせません。

その編集が難しかったりおっくうになると継続は難しくなります。この本でおススメのアプリはより簡単により直感的に編集しやすいアプリなのでまずは簡単な動画から作ってみてどんどん慣れていきましょう。一度身に着いたらアプリで編集すること自体も楽しくなります。

▲お友だちみんなで楽しくやれるのがいい

## 投稿（アップロード）までスマホで完結

撮影・編集ときて最後はYouTubeに投稿してひとまずユーチューバーとしての流れは完結します。

本書おススメのVLLOアプリもiMovieアプリもYouTubeへの投稿まで簡単サポートされているので安心です。投稿するときにはタイトル・説明・カテゴリ・タグ・サイズ・プライバシー（非公開・限定公開・公開）・場所などを入力して投稿しますがこれらもスマートフォンで完結できます。

▲動画の保存先を選択します

▲スマートフォンのカメラロールに動画を保存します

# 4

# ユーチューバーになるための5つの準備

ここでは実際にユーチューバーになる前にやっておきたいことを勉強しましょう。始める前にやっておくと無駄が省けたり頭の中が整理されたりして、後々かなり楽になるので真剣に取り組みましょう。また継続は力なりの礎となる項目ですので一緒に考えていきましょう。

# まずは他のユーチューバーの動画を観てみよう

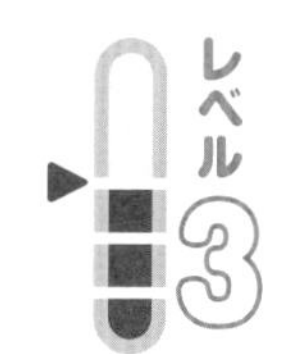


動画のジャンルが決まったら、まずは同じジャンルの動画を探してみましょう。動画を検索するには、検索窓にキーワードを入力して絞り込み、動画再生回数が多い動画を視聴します。再生回数が多い動画には、演出方法や構成、テロップの出し方など、参考になるたくさんの工夫があります。

## スタンダードな検索

YouTubeには世界中に無数のチャンネルがあります。その中から自分に興味がある動画を検索してくることから始めましょう。

大きく分けるとゲーム系、料理系、チャレンジ系、解説系、やってみた系などがあります。

YouTubeアプリでは下部左から2つ目に検索というボタンがあるのでそこをタップする（①）と写真のように大きく6つのジャンルが出てきます。こちらはその日のまさしく今のトレンドが出てくるので参考にしてみてください。

他の人のチャンネルを観ることで大きな気づきやヒントがあります。

## 検索窓で自分の興味のある動画を探す

YouTubeアプリ上段右から2つ目の虫メガネマーク（🔍）の検索ボタンをタップすると自分の好きなキーワードで動画を探すことが出来ます。

ここでは運動会で速く走れるように『走り方』で検索してみましょう。検索窓に『走り方』と入力する（①）と他の人が多く検索している候補が下に羅列されます。今回は運動会なので上から2つ目の『走り方　子ども　練習』をタップ（②）します。すると写真のようにたくさんの関連動画が出てきます。

このようにして自分の好きなことや興味があることをどんどん検索してみましょう。これから自分が始めようと思うジャンルも検索してみると色んなヒントが学べます。

ただし検索上位には再生回数の多いもの＝有名ユーチューバーの動画が多いので、こんなに綺麗な動画を作らないといけないのかなどと不安になるかもしれませんが、全く気にしないでください。誰でも始めたときから上手かったわけではないので、あなたも継続していくうちに必ず上手な動画を作れるユーチューバーに成長できます。検索で観た動画はあくまでよきお手本として覚える程度でかまいません。

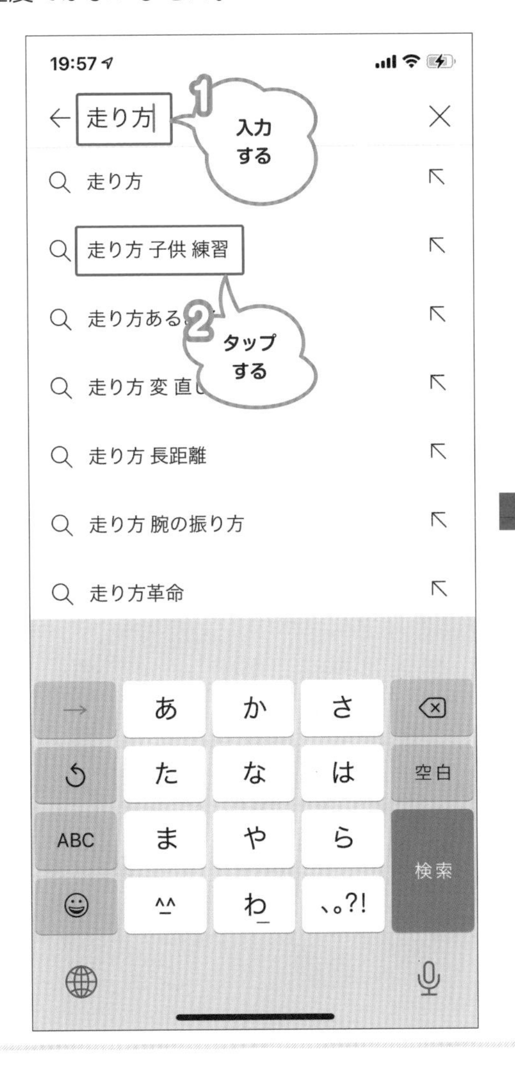

## 小学生にも人気の日本のユーチューバー

とても有名ですでに知っている人も多いと思いますが日本で人気のトップユーチューバーのチャンネルも一度は観てみるといいと思います。

**ひかきん**　新潟県出身の有名ユーチューバー。小学生の頃は教室の隅にいる変わった少年だったそうです。好きな音楽（ヒューマンビートボックス）をYouTubeに投稿し続けていつしか脚光を浴びるようになったんだって。

**フィッシャーズ**　日本の男性7人組ユーチューバー。中学時代の同級生で卒業記念に『楽しい』を動画にすることから始まり今では有名ユーチューバーになったそうです。

**ヴァンゆん**　ヴァンビさんとゆんさんという日本の2人組ユーチューバー。ユーチューバーが集まるイベントで何度か会いそこから仲良くなりコンビを結成しました。二人の息の合ったトークが評判で美男美女のコンビで有名です。

**はじめしゃちょー**　富山県生まれの有名ユーチューバー。中高生の頃は生徒会の副会長をしていたことも。学校内ではグループのはしっこにいるタイプだと語っていたようです。自分のために何かしようと思い大学１年生の時にYouTubeをはじめたそうです。

# 好きなチャンネルを登録してみよう

好きな動画を見つけたら、チャンネル登録してみましょう。チャンネル登録とは、気に入ったユーチューバーを登録しておけるしくみのことで、登録したユーチューバーの動画をまとめて表示することができます。また、目的のユーチューバーが新しい動画を投稿すると、通知されるように設定できます。



## チャンネル登録の仕方

前章で自分の好きなことや興味のある動画を探すことができて、同じ『走り方』でもたくさんの動画があふれていました。その中で話し方や長さ・分かりやすさなどで自分の好みに合うチャンネル・合わないチャンネルがあったと思います。好みに合うチャンネルを作っている人は他にも自分の興味があることが似ていたりします。

ここではその好みのチャンネルがYouTubeアプリを開いたときに優先して出てくるように設定します。

**1** まず好きなチャンネルを見つけたら【チャンネル登録】という赤字の部分をタップ（①）しましょう。

**2** すると【登録済み】と黒字に変わりチャンネル登録されます。こうすることで自分のYouTubeアプリを開いたとき優先的に上位に表示されます。ホーム画面の下段右から2つ目の登録チャンネルボタンをタップする（①）と登録されていることが分かります。

## 通知設定

チャンネル登録した番組が新しい動画を投稿した時にスマホに通知がくるように設定できます。こうすることでいち早く好きなチャンネルの最新動画を観ることが出来ます。

**1** 先ほどの登録チャンネルページで上部の登録したチャンネルをタップしましょう。すると写真のようになるので【チャンネルを表示】をタップ（①）しましょう。

**2** すると写真のようになるので右側の🔔マークのボタンをタップ（①）します。

**3** 「すべて・カスタマイズされた通知のみ・なし」と3つから選択できます。動画がアップロードされる度に通知を受け取るには「すべての通知」をタップ（①）し有効にします。「カスタマイズされた通知のみ」とは個人データに基づきアップロードされた動画の一部のみが通知で届く設定です。

## 3本の柱に沿ったチャンネルを2つずつ

レッスン13でもお伝えしましたが、ユーチューバーを始めるにあたって1つのジャンルだけではアイデアや企画に行き詰まりやすいのでできれば3つのジャンルで始めましょう。

3つのジャンルとは例えば『サッカー・お手伝い・ゲーム』などです。どのジャンルでも最初は5個以上アップしてみましょう。なぜかというとどのジャンルがバズるかはやってみないと分からないからです。そして、これから始めてみたいジャンルの動画を各ジャンル2つ以上登録してみましょう。チャンネル登録した動画を真似ることから始めてください。

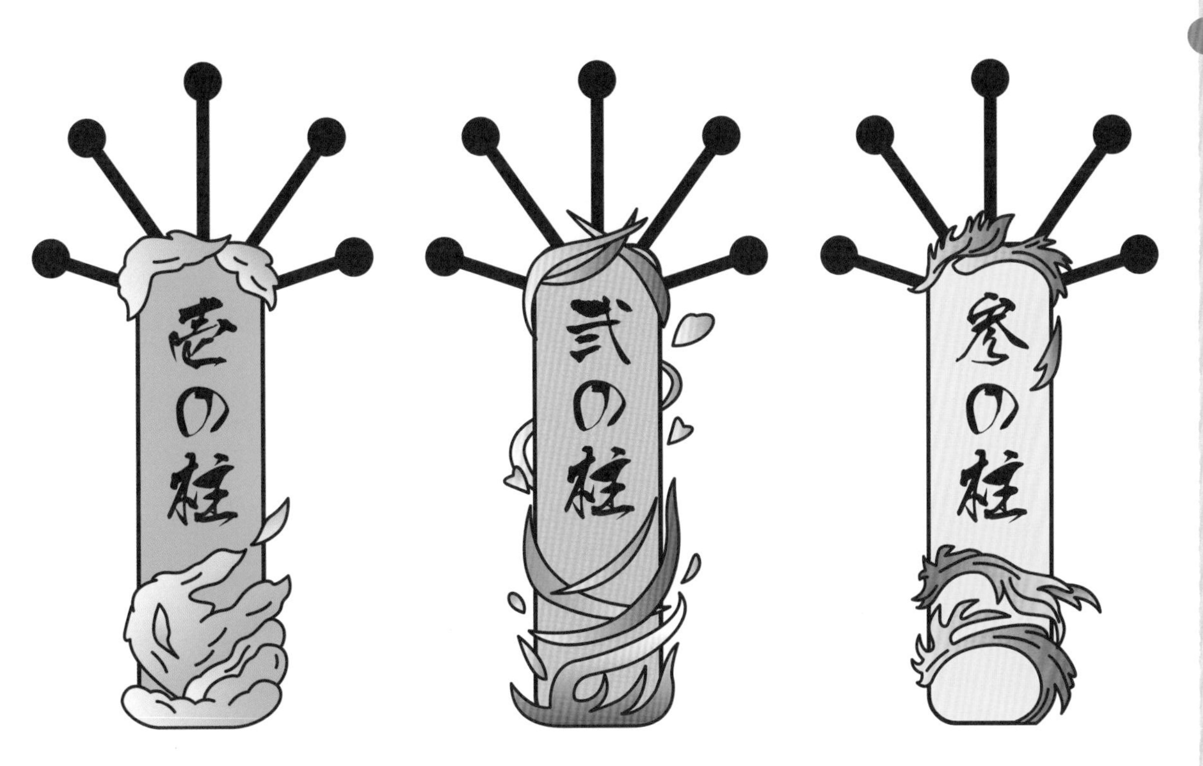


▲ジャンルは3つまでが原則。増やせばいいというものではない

# どんなことに興味があるか 自分を観察してみよう

動画のジャンルが決まったら、そのジャンルをテーマにしたストーリーを考えましょう。サッカーならリフティングチャレンジやPK合戦など。初心者にとっては、動画の質よりも、できるだけ多くの動画を投稿する方が上級ユーチューバーへの近道です。思いつく限りのアイデアを書き出してみましょう。

## 好きなこと発見シートの活用方法

好きなこと発見シートは、どんな書式でも構いませんし、メモ書き程度のもので大丈夫ですが、ここでは右にひな型となるものを掲載しておきます。この用紙に頭に浮かんだことをそのまま書き込んでいきましょう。後で、それを読み返して、自分でも意識していなかったことや、思いもよらないことなどが発見できて楽しい作業となります。

自分が好きなことは、必ず長続きしますし、好奇心が持続できるので、動画を作るうえでも飽きることがありません。自然と素直な自分の気持ちを表現できるようになり、YouTubeを観ている人たちが共感してくれるようになります。

肩ひじ張らずに、今の自分の思いや考えを素直に伝えられれば、それだけで感動の動画に変わります。YouTubeの向こう側にいる視聴者を意識するのは、プロの作り手となってからで遅くはありません。今は、自分の強みを発見して、それを動画として表現することに意識を集中することです。それが、人気動画を作るための第一歩になります。

### 好きなこと発見シート

A:【大切に思っていること】

① あこがれの人は？(実在の人物、マンガや歴史上の人物でも可)
その人の好きなところも書いてみよう
あこがれている人

好きな理由

② 今の世の中に足りないと思うものは？

③ 自分は何を大切にしてそうか周りに聞いてみよう

④ 家族や友達にアドバイスしたり伝えたいことは？

左の答えを自分が大切に思える順に下の欄に書いてみよう！

| |
|---|
| 1位 |
| 2位 |
| 3位 |
| 4位 |
| 5位 |

※Aの1位をYouTubeチャンネルの目的にすると継続しやすくなる

B:【得意】

① これまでで一番うれしかった経験は？

② やっていて楽しいのはどんな時？

③ 自分の長所を周りに聞いてみよう

④ 今まででもっとやりたかったことはある？

×

C:【情熱】

① 反対されてでも学びたいことは？

② 時間が経つのを忘れるくらい没頭することは？

③ お礼を言いたい人は？

④ 学校や世の中に関して疑問を感じることは？

Bの得意とCの情熱をかけ合わせてYouTubeチャンネルの柱となるジャンルにしてみよう

※そのままコピーして使える「好きなこと発見シート」をP141に掲載してあります

## 継続(けいぞく)できるかな

これまで述べた通りユーチューバーとして活躍するには動画を投稿し続けることが大切です。
「継続は力なり」ということわざがあるように自分で決めたジャンルで継続して投稿が出来そうかを基準に考えてみてください。本当に好きなこととはお金を払ってでも勉強したいことと言い換えることもできますので、好きなことをユーチューバーとしてのジャンルに組み込むことは最高の継続力につながります。
初心者ユーチューバーの世界なら質より量です。最初から完璧な動画を目指すのではなく、とにかく投稿すること、量をこなすことを重視して試行錯誤しながら成長しましょう。

## 3本の柱に沿ってストーリーを立ててみよう

3つのジャンルが決まったら、その一つを柱としてストーリーを立ててみましょう。この段階では細かな企画などは必要ないので、大まかなストーリーを考えてみてください。例えば1つ目のサッカーであれば、自分がリフティングをして50回出来るまで撮り続けて何回目で出来るかとか、友達とPK合戦をして負けた方が激マズの青汁を飲むなど簡単なストーリーで大丈夫です。

好きなことだからこそたくさんのアイデアが出てくることだと思います。ただし、一つのジャンルだけではネタに行き詰まりがちなので、同じように2の柱、3の柱とストーリーを立ててみましょう。

| たろう | ○ | ○ | × | × | ○ |
|---|---|---|---|---|---|
| ひろし | ○ | × | ○ | × | × |

# まずは家族を笑わせてみよう

ストーリーのアイデアが出そろったら、まずは自分の家族を笑わせることを目的に動画のプランを練りましょう。自分の家族をターゲットにすると、すぐに動画の反応を確認できる上、アドバイスをもらえます。また、笑ってもらえることの喜びを知ることで、動画作成の意欲が上がるメリットもあります。



## 一番身近だから本気になれる

ストーリーが決まったら目的を考えましょう。一番簡単で分かりやすい目的は身近な家族をターゲットにすること。お父さんでもお母さんでも兄弟でも誰でもいいので動画を観せるまで内緒にして家族の笑いを引き出すことが出来れば大成功です。身近な存在だから笑いのツボや喜びそうなことがイメージしやすいです。また、笑顔があふれることは自分も家族も満足するのでとてもおススメです。

## すぐに反応(はんのう)が見(み)られる！

ユーチューバーとしてYouTube世界に飛び込むと、あなたの視聴者はインターネットの向こう側で観ているので本当の表情や笑顔を見ることは出来ません。どんな年齢か性別かもわからず再生回数だけが頼りなので不安になるときがあります。しかし家族という目に見えるターゲットは動画を観せたその場で反応してくれるのではじめの一歩としては最適なのです。もしかすると思いもよらないアドバイスをくれるかもしれないのでやらない手はないです。

## 笑(わら)ってもらうことの喜(よろこ)び

普段から家族とは食事や団らんの時に顔を合わせて言葉で話して笑いを引き出していることがあると思います。しかし、今回はユーチューバーとして動画を撮影・編集してYouTubeに投稿してから家族のスマートフォンで観てもらうので、これまでの家族団らんの時とは違った感覚が得られることでしょう。

自分の考えたストーリーを自分で作りあげ、インターネットの世界を通して家族の目に留まる。そしてあなたのYouTubeを観た家族は、動画の内容だけでなくそのストーリーを考えられたこと・撮影できたこと・編集までできたこと・そして実際にYouTubeに投稿できたこと、そのすべてを合わせてあなたの投稿で笑ってくれるのです。

これまでリアルでは感じたことの無い能力や可能性を感じて、あなたは必要とされている、人の役に立てるという自信がついて来ます。

## 限定公開(げんていこうかい)だから安心(あんしん)

家族を笑わせるだけなら面白おかしくしゃべってみてもできますが、今回はユーチューバーとしてYouTubeの公式サイトに投稿して発信します。

第1章で述べた通り、一度YouTubeに投稿すると全世界に配信されるので悪意のある人の目に触れると危険を伴いますが、あなたが公開したアドレスを知っている人だけにしか公開されない『限定公開』という設定があります。まずこの段階では『限定公開』設定でYouTubeへ投稿しましょう。限定公開の設定方法は以下の通りです。

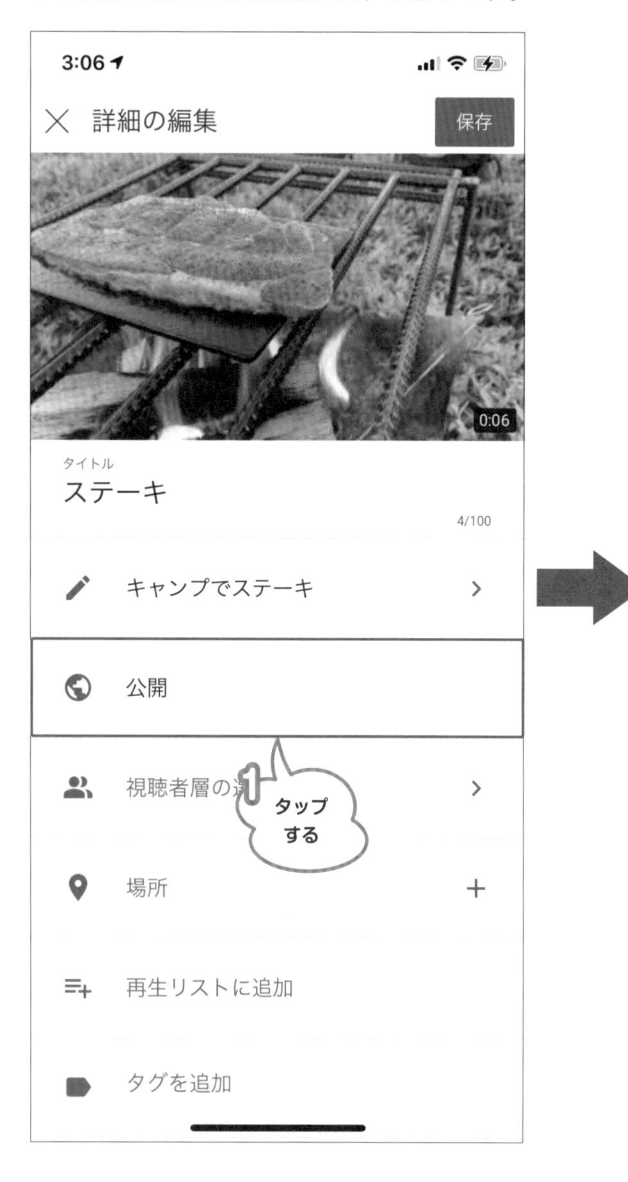


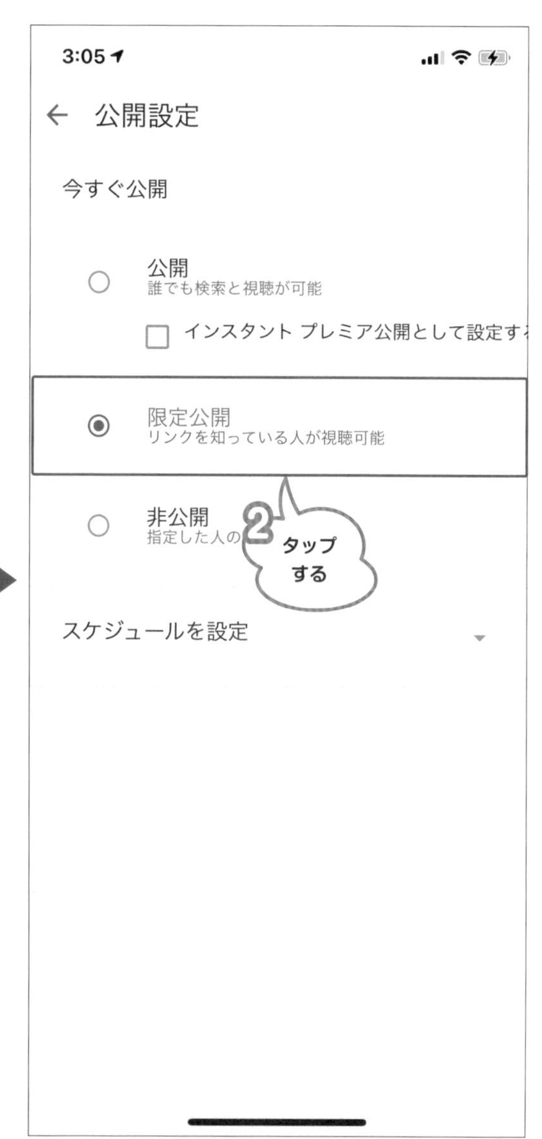

# 誰に観てもらいたいか 誰の役に立つか考えてみて

レベル2

家族の次に少し距離のある友だちやおばあちゃんなどをターゲットにし、自信を深めたら、いよいよ公開を目的とした動画を作成しましょう。世界中の人々が笑顔になることを想像し、楽しいストーリーを練りましょう。ただし、インターネットには多くの危険が潜んでいるので、注意点を守りましょう。

## 家族の笑顔を引き出せたなら次は？

前レッスンで家族は一番身近な存在だから笑いのツボなど分かっているのでストーリーを立てやすいと学びました。たとえ家族でもユーチューバーとしてインターネット上に投稿して、その上で喜びを与えられたことは自信になったと思います。

家族を笑わせることが出来たなら次は、友達？先生？おばあちゃん？自分と同じような悩みを持ってる子？ここでも家族の次に身近な人をイメージした方が反応を見やすいのでおススメです。

▲友人や同僚、近所のおばあちゃんなどにも観てもらうといい

## 家族の時のように親身になって考えよう

家族の次と言っても身近な存在なので、前レッスンと同じようにターゲットのことを本気で考えてストーリーを立ててみましょう。

ここで大切なことは『ターゲットが喜ぶこと』だけに集中しすぎるとあなたの好きから外れてしまうことがあるので、あくまで前章で決めた3本の柱のどれかに沿ってストーリーを作りましょう。たとえばおばあちゃんがターゲットなら、【お手伝い】というジャンルでおばあちゃんの好きな料理を作る動画などが良いです。

## ここからいよいよ公開設定（こうかいせってい）

前レッスンではあなたの投稿したYouTubeアドレスを知っている人だけが観れる『限定公開』という設定でしたが、ここからはあなたがこれまで観てきた、またチャンネル登録した有名ユーチューバーたちと同じ『公開』設定で投稿しましょう。もちろん、どうしても不安な場合は限定公開で腕を磨いてからでも構いません。

公開設定にするときには見つけてもらい易くするためにより詳細なタイトルの設定が重要となります。

例）タイトル：小学生が作る野菜たっぷりカレー　お手伝い編

説明：お手伝い　料理　小学生が作るカレー　野菜たっぷり　買い物

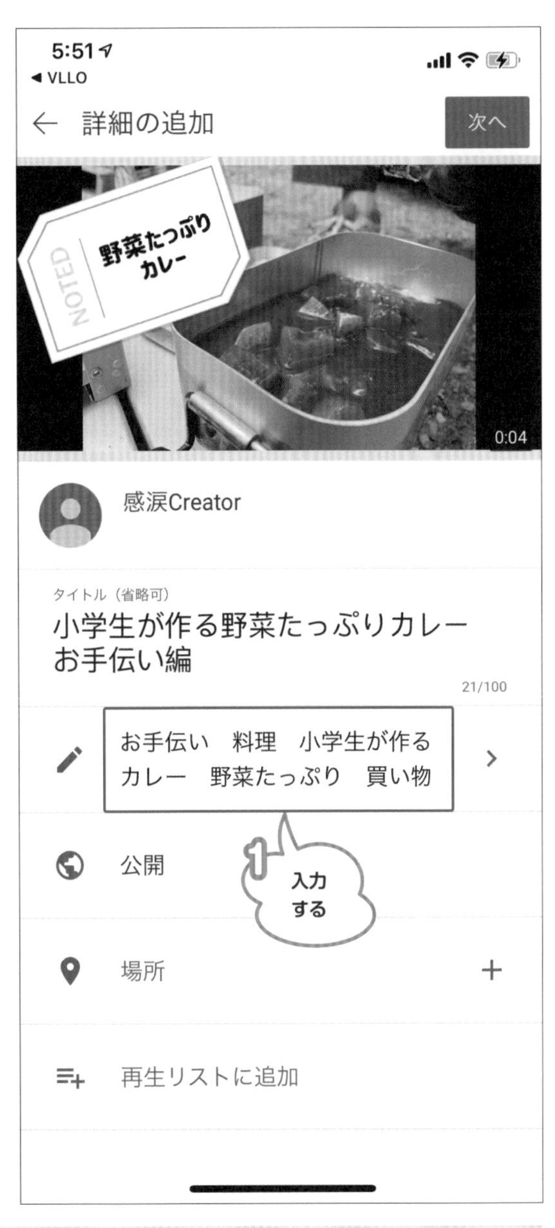

## 公開(こうかい)する前(まえ)の確認(かくにん)

公開設定にすると文字通り全世界に公開されるので注意点が何点かあります。前項で述べたように悪意のある人がいるかもしれないのでプライバシーは守りましょう。

●名前や住所は動画に入れない
●他人を許可なく撮影しない
●一般楽曲は使わない※YouTubestudioのオーディオライブラリの曲なら無料で使用可
●顔出ししたくない場合はサングラスやマスクで顔を隠すなど

また投稿する際には必ず保護者の方に見てもらって許可を得てから投稿してください。

## ターゲットに伝えよう

YouTubeに投稿できたらターゲットに伝えましょう。前項は限定公開なのであなたが投稿したYouTubeのアドレスを送りましたがここからは検索情報を送ります。

前のレッスンであなたがした『検索窓』で動画を見つける方法で観てもらうのです。ここではなるべく簡単に見つけてもらえるように詳しく入力したタイトルの情報を送りましょう。

例）小学生が作る野菜たっぷりカレー　お手伝い編　などです。

こうすることでYouTube上にあるたくさんの動画の中からあなたが投稿した動画を素早く見つけてもらいやすくなります。

## 世界に笑顔が伝わったことを想像しよう

前のページでインターネットの世界には危険が潜んでいることを説明しましたが、それ以上に良いこともあふれています。ユーチューバーとして家族や知り合いの笑顔を引き出せたように、会ったこともない人たちがあなたの動画を観て笑ってくれたり勇気づけられるのです。あなたにとっての当たり前でも、悩んでいる人にとっては目から鱗の解決動画になることもあります。世界中にはまだ早いかもしれませんが、日本中の人々があなたの投稿動画を観て笑ってくれる未来を想像しやる気を出しましょう。

ワンポイント

### ニッチがウケる

特定の人たちのためにコンテンツを作ると作品に骨組みができファンとのつながりを築きやすくなります。共通の興味があったり同じものに熱心になれると視聴者が『つながっている』と感じられる作品をより簡単に作ることができるようになります。

そうしたニッチ市場は想像より大きなもので自分だけが好きなんだろうと思っているマイナーな趣味でも、実はとても人気があって世界中に仲間がいたりするのです。

# 5

## 人気ユーチューバーならではの「共感を呼ぶ映像制作ノウハウ」を大公開！

ユーチューバーとして人気を得るということは自分が投稿した動画を観てくれる人がたくさんいるということ。これは視聴回数という数字で確認できます。動画に共感し視聴回数が伸びる番組作りを目指します。この章では超簡単動画編集のノウハウを公開します。

# 鉄則　ありのままがウケる

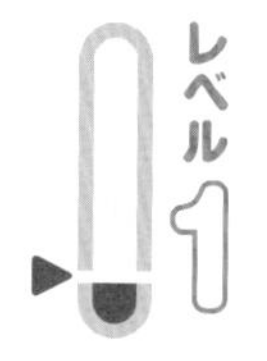


せっかくだから質のいい動画ができてから公開しようなどと考えていると、気が重くなり意欲が削がれてしまいがちです。アイデアが浮かんだら、ストーリーを練って、すぐに動画を作成しましょう。また、カッコつけるよりも、リラックスしたありのままの姿の方が好感度が高いことを知っておきましょう。

## ありのままを表現する

最初から高度な動画を作ることを意識し過ぎるとどうしても二の足を踏んでしまいがちです。これから始める人にとって大切なことは『まずやる、すぐやる、必ずやる』という考え方です。そのためには『ありのままがウケる』という鉄則を覚えておいてください。ありのままほど価値があると理解していれば、高度なテクニックなど気にせず簡単にスタートしやすくなることでしょう。

人は自分の良い部分だけを見せたくなりがちですが、完璧な人間なんてこの世にいません。ありのままの自分を表現してみると案外ウケることがあります。

テレビと違いYouTubeの視聴者は自分から探して観てくれるので高度な編集より自然体の方が共感を呼びやすいのです。

# ユーチューバーなら横撮影が基本

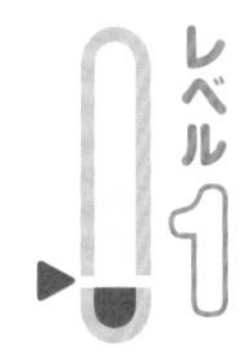


YouTubeの基本アングルは横画面のため、動画はスマホを横向きにして撮影した方がよいでしょう。スマホを縦向きで撮影すると、YouTubeで再生する際に左右に無駄なスペースが表示され、動画が小さくなります。動画は横向きで撮影することを念頭に、画面上での構成やバランスを決めましょう。

## カメラアングルは『横』

YouTubeを観るときの基本のアングルは横画面です。スマートフォンを縦にして視聴する場合でも上部に横型に表示されますね。スマートフォンを横向きにすると画面表示も横向きの全画面として大きく表示されます。

もし縦向きで撮影すると左右に無駄なスペースが出来てしまい編集時も作業画面が小さくなり効率が悪くなります。

この基本設定を理解していると撮影の時も横向きに撮影した方が大きく観やすい動画になるので是非横向きに撮影してください。最近のYouTubeは縦向き動画にも対応していますがパソコンで視聴すると必ず横長野画面表示になるので初心者には横向き動画がおススメです。

◀左右が黒になり画面が小さい

◀画面が大きくなりスマートフォンでも観やすい

# こまめに録画体験を重ねるのが早道

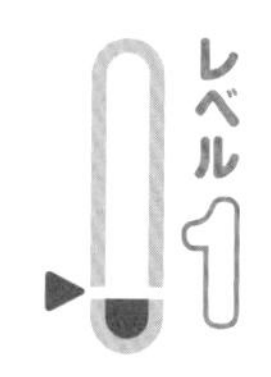


**再生回数の多い動画は、アングルや明るさ、被写体の配置などが観やすいように配慮されています。そういった配慮は一朝一夕で身に付くものではなく、動画を撮り慣れる必要があります。動画に挿入するためのちょっとしたシーンを手あたり次第撮影してみましょう。その際に、観やすさを意識することが大切です。**

## スマートフォンでの動画撮影に慣れよう

ユーチューバーとして動画投稿するのは撮影なくして始まらないのでまず自分のスマートフォンでの動画撮影という作業に慣れていきましょう。どんなに優秀なカメラマンでも最初から完璧な構図やタイミングで撮影できた人はひとりもいません。その人たちも何度も撮影を重ねるうちに上達してきたのです。

ユーチューバーを始めるにあたって高度な撮影技術は必要ないのですが、スマートフォンで撮影するということに慣れていけばとっさの瞬間にサッと撮影できますし、何よりアプリの位置や操作・タイミングを身に着けることが出来ます。

まずは色んな動画を撮ってみてください。スマートフォンの容量の無駄を省くために撮った動画のお気に入り一つだけ保存して他の要らない動画はカメラロールから消去してください。フルＨＤ動画は１分で約128ＭＢの容量を消費してしまいます。

# 撮りたいものが真ん中になるように撮影しよう

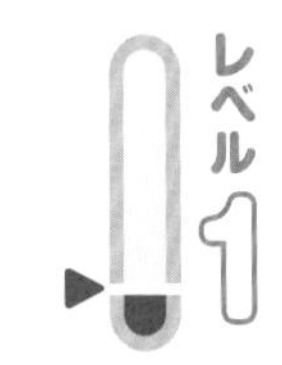


動画では、撮影する側も被写体も動き回るため、常に被写体が画面上の同じ位置で写り込むように構図を意識して撮影します。そうすることで、動画のブレを抑え、観やすくなるだけでなく、誰（どれ）が被写体なのかを示せます。まずは構図の種類を確認して、安定した動画撮影方法を学びましょう。

## 構図の大原則とは

撮りたいものが真ん中になるように撮影する構図を日の丸構図といい、撮影において基本的な構図です。簡単に言うと「目立たせたいものが真ん中になるように撮る」という撮り方です。当たり前だと思われがちですが意識していないと意図せず左右どちらかにずれたりしてしまい視聴者に伝わりにくい動画になりがちです。

ゆくゆくはテロップを入れたい場所や、デザインで表現したいときなど他の構図も覚えていくと思いますが、これから始めるにあたってまずは撮りたいものが真ん中になるように撮影することを覚えておいてください。基本ですがシンプルイズベストな構図です。

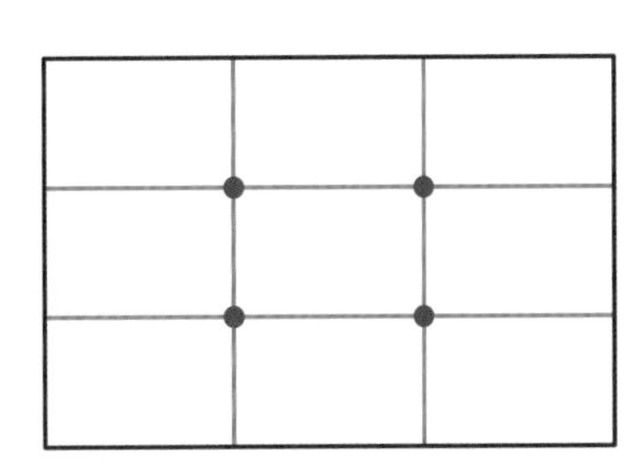

三分割法

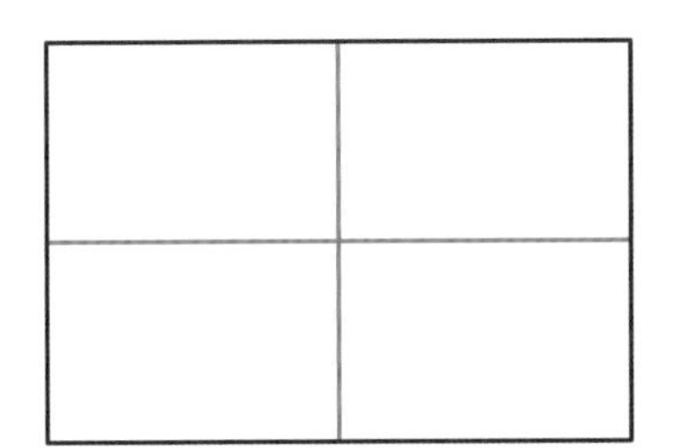

シンメトリー構図

# なるべくスマートフォンを近付けよう

動画では、被写体を遠慮がちに遠くから小さく撮影しがちです。勇気を出して、被写体に近づいて、大きく撮影しましょう。特に表情を大きくとらえることで、動画をインパクトのあるものにできます。なお、デジタルズームを利用すると、画質が粗くなるため、被写体に近づいて撮りましょう。

## スマートフォンは出来るだけ前へ

次にありがちなのが、せっかく撮りたいものを真ん中に撮影できていても遠すぎると撮りたいものが小さくなって伝わりにくくなることです。周りの風景が必要がない時は思い切ってスマートフォンを近付けてみましょう。画面いっぱいに撮りたいものを配置するとダイナミックでインパクトのある印象になるので是非トライしてください。

その際スマートフォンのカメラアプリのズーム機能で大きくすることも出来ますが、動画自体の画質が落ちるので出来ることならカメラ自体を撮りたいものに近付けてください。なお、炎や料理などは近付けすぎるとヤケドをしたり、湯気でくもることに注意してください。

◀画面の小さいスマートフォンでは、何が写っているのか分かりにくい

◀カメラを近付けることで何を撮っているかがわかり、観やすくなる

# 慣れてきたら全体を考えてから撮ろう

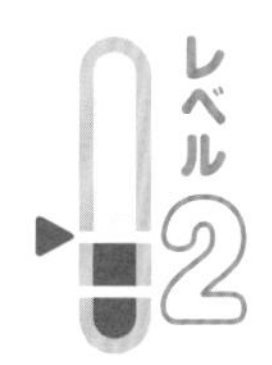


動画の撮影に慣れてきたら、撮影前にあらかじめ全体の構成を把握しておきましょう。そうすることで、目的のシーンに必要な動画をイメージしやすくなります。また、どのようなアングルや演出が効果的なのか判断しやすくなります。しっかりと企画を立てて、質の高い動画を作成しましょう。

## 企画と撮影内容をリンクさせる

たくさん動画を撮影してスマートフォンの操作にも慣れてきたら全体を考えて撮影していきましょう。

ここで前章の企画力が活きてきます！企画の段階で全体像が出来上がっているため、それぞれのシーンの動画がイメージしやすくなります。何度も撮影練習しているので撮りたい動画が一発で撮れるようになっているかもしれません。実は撮影の際に撮りたい動画を撮っておくと後の編集がとても楽にできるのです。

注意点としては一つのシーンの撮影が長くなり過ぎないようにしてください。そうすることにより撮影途中で失敗しても初めから撮り直す手間を省くことが出来ます。

企画した時とは違う映像が撮れたとしても思いがけない表現が見つかることもあります。私の結婚式撮影の一例ですが、ご新郎ご新婦がバージンロードを歩くシーンでカメラを下に置き撮影することで、共に歩む足元を強調したとても印象的なシーンが撮影できました。

あなたの発想を大切に撮影も楽しんでください。

▲カメラアングルが違うだけで、印象深くなる

▲ある一部分を拡大して撮影するだけで、イメージが豊富になる

# どんな映像も3つのラインで構成できます

YouTubeの動画にテレビ番組など、どんな動画でも、映像、音声、テロップの3つのラインから構成されています。それぞれを個別に編集することで、映像に特殊な効果を加えたり、テロップや効果音をタイミングよく挿入したりできます。3つのラインは、動画編集の基本となるため、理解しておきましょう。

## 動画には3つの構成要素がある

映画館で観る映画ってすごいですよね！派手な音楽に感動的なナレーションそして美しい映像。テレビのバラエティ番組なんかもキラリと光るテロップや適切なタイミングでの効果音やエフェクトなど観る人を惹きつけるまさしくプロの映像です。

ではテレビや映画は特別なものなのでしょうか？これからあなたがスマートフォン一つで作っていく動画と大きな違いがあるのでしょうか？私の答えはＮＯです。超簡単に説明します。

すべての映像は『映像・音・テロップ』の3つのラインで構成されています。そう、これからあなたがスマートフォン一つで作る動画と基本は変わらないのです。

映画やテレビは映像・音・テロップのライン（これをレイヤーと呼びます）を重ねたり加えたりして複雑に組み合わせてすごい映像に仕上げているのです。例えば効果音は音のレイヤーを一つ増やして表現しています。さすがにあそこまでのクオリティに仕上げるためにはプロ用のソフトやパソコンなどたくさんの高価な機材が必要となりますが、ユーチューバーには全く必要ありません。そのことはここまで読み進めてくれたあなたなら説明する必要はありません。

これからあなたがYouTubeに投稿する動画はテレビや映画と同じ3つのラインで作っていくので自信を持ってください。

# 動きは左から右へが大原則なのです

動画編集アプリでは、映像、音声、テロップのラインが左から右に向かって流れていきます。3つのラインは、個別に編集することができ、長さを調節して無駄な部分を省いたり、特殊な効果を加えたりすることができます。動画編集ソフトの操作を覚えて、動画に適切な効果を加えてみましょう。

## 編集画面の流れ

初めての方は動画の編集って難しそうと感じることもあると思います。ここでもう一つ分かりやすく説明します。3つのラインで構成されていることに加えて動画は画面に向かって左から右に流れるように表現されていきます。一番左が動画のスタート0秒で右に行くにしたがって1秒2秒3秒～という風に映像として表現されていきます。これはスマートフォンの編集アプリでもプロ用の映像編集パソコンソフトでも同じです。イラストのように映像・音・テロップの3つのラインは縦軸に表示され、時間は横軸に沿って左から右に流れていきます。

VLLOアプリでは上からBGM・効果音・声…などとレイヤーがありますが簡単にまとめると映像ライン・音ライン・テロップラインの3つで構成されています。iMovieではより簡潔に映像・音・テロップが一つのラインとして表示されます。ただiMovieはより簡単なUIの代わりにテキストなどの自由度が低く制限されます。

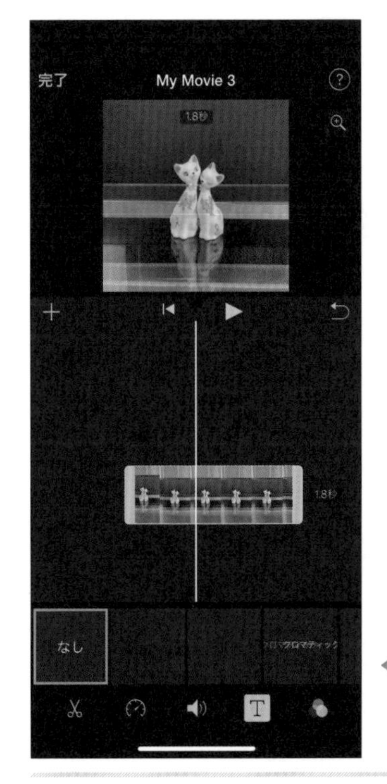


◀（iMovieの画面）全てが1つのライン表示

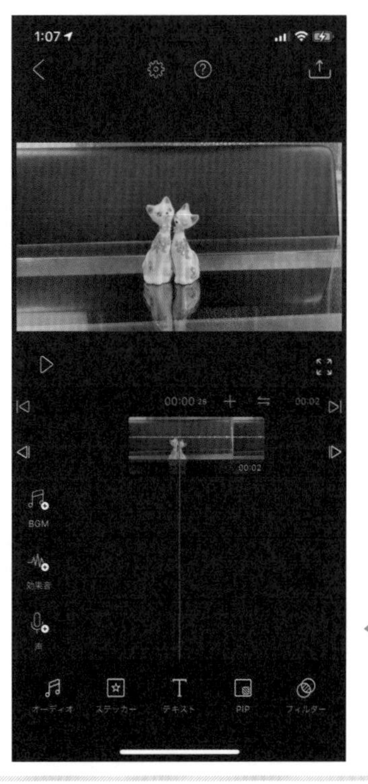


◀（VLLOの画面）映像・音・テロップの3ライン表示

# 長けりゃイイってもんじゃない

YouTubeでは、視聴する動画を選択できるため、長い動画は避けられる傾向にあります。無駄が多くダラダラした表現は、悪い印象しか残りません。動画は、本当に必要な場合を除いて、短く、簡潔に編集したものを投稿しましょう。

## 動画の再生時間は大切

あなたはただ長いYouTube動画を好んで観ますか？本当に必要な動画や長くないと理解できない動画以外はなるべく簡単で短くまとまったものを好む人が多いと思います。

YouTubeの視聴者はいつでもチャンネルを変えることが出来るので無駄に長い動画はすぐに飽きられてしまいます。初心者の頃は長い作品を作ることが良いことだと思う人もいますがそれは間違いです。最初は編集で「えーっと」や「あー」など不必要な部分はカットしてなるべく無駄を省いて短くしましょう。いずれユーチューバーとして収益化出来るようになると再生時間に収益が関係してきますが、最初は無駄を省く編集をするように心掛けましょう。

# テロップは結構大切

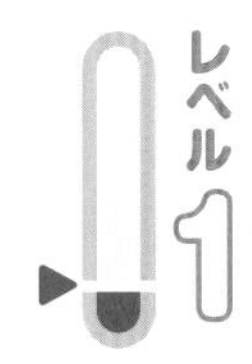


画面上に表示される文字のことをテロップといいます。テロップは、会話や映像や会話で説明しきれない内容を表示して、映像の内容をわかりやすくします。また、伝えたい内容を強調したり、画面を華やかに飾ったりすることもできます。テロップを効果的に活用して、楽しい動画を作ってみましょう。

## テロップの役目とは

テロップとは動画の中で出てくる文字のことです。よくあるのはしゃべっている言葉を画面の下部にテロップで入れることです。テロップを入れることでその部分が強調され視聴者に伝わりやすくなります。他には『ガーン』や『ピンポーン』などの擬音語などもよく見受けられます。

全てにテロップを入れると手間もかかるし強調できないので伝えたい重要なところだけにテロップを挿入しましょう。

また習っていない漢字でもスマートフォンの自動変換で出てくるので、視聴者に分かりやすく伝えるためにどんどん使っていきましょう。

## テロップのメリット

1 映像だけで伝えられない情報を補う

2 映像表現を華やかにできる

3 ボリュームが小さい人にも伝わりやすい

4 重要な部分を強調できる

# BGMなどの著作権は両親に相談しよう

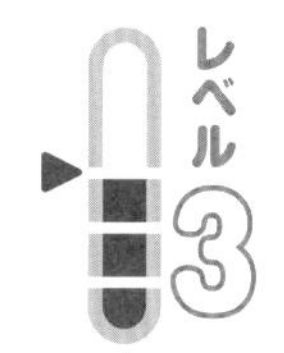


流行っているあの曲をBGMに流せば注目度がアップするだろう…と考えたりしていませんか？　その考え方は、とても危険です。音楽をはじめ、映画やテレビ番組など、あらゆる制作物には著作権が認められています。音楽を無断使用して、著作権を侵害すると、罰せられることもあります。

## 音楽は勝手に使えない

自分の動画の中に流行っている楽曲や好きな楽曲を入れたくてもそれは法律上できません。

音楽には著作権という権利があって無断で使用すると法律によって罰せられることがありますので、特に注意して親御さんと相談してから投稿するようにしてください。

そういった問題を解決するために本書で紹介するアプリには自由に使える著作権フリーの音楽や効果音が装備されています。著作権に対して安全な動画を作るため是非活用してください。

YouTubeでもオーディオライブラリというサイトで著作権フリーのBGMをたくさん用意してくれています。現在はパソコンでのみダウンロード可です。

# 初心者の過度な演出（エフェクト）はシラケるだけ

動画全体に追加される特殊効果をエフェクト、シーンのつなぎ目に表示される効果をトランジションといいます。本来は、映像を観やすくしたり、シーンのつなぎ目をスムースに見せたりするための効果ですが、頻繁に使いすぎると効果ばかりが目について、動画の内容が伝わりづらくなります。

## テクニックはできるだけ使わない

アプリの操作に慣れて編集を覚えてくると、エフェクトや画面切替え効果（トランジション）で簡単に出来ることの多さに驚くことでしょう。ここで初心者が陥りがちなのがそれらの効果を使いすぎてゴチャゴチャと伝わりにくい動画になってしまうことです。本来は観やすさや伝えやすさのために編集しているのに逆効果になります。

視聴者はありのままがみたいので過度な演出が透けて見えるとシラケてチャンネルを変えてしまいます。編集を覚えて楽しくなってくると色んなテクニックを使いたくなる気持ちをぐっと抑えて、シンプルイズベストの気持ちを忘れないでいてください。

◀シンプルにありのままの表現がいい

これでは焦点が定まらなくて伝わらない▶

# 3つの柱以外のものはやらない方がいい

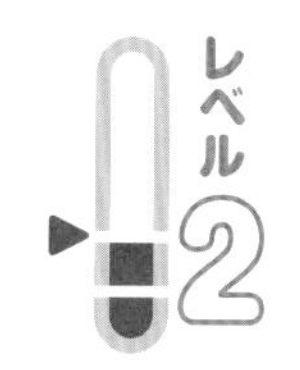


動画の編集に慣れてくると、どうしてもいろんなテクニックを試してみたくなります。しかし、動画の編集にエネルギーを使いすぎると、企画の勢いを弱めてしまいかねません。自分が表現したいことを常に意識し、映像を観た人が笑顔になることを想像しながら動画を作成しましょう。

## ジャンルを広げない

ある程度編集テクニックが身に付いてくると色んな表現が出来るようになり、色々と試してみたくなるのが人の性です。

ここで思い出してほしいのが3本の柱！視聴者は編集テクニックが観たい訳ではなく、あくまであなたの好きや得意なことに興味があります。テクニックに走り過ぎて大切な柱を見失うことは本末転倒といえます。改めて原点に返り、好きなことや得意なことという自分で出した3つの柱をベースに編集スキルを活かしましょう。

料理で例えると編集はあくまでスパイスです。素材はあなたの好きや得意な分野なのでせっかく付いたファンの期待に応えるためにもぶれない路線を忘れないでください。

またYouTubeはテレビと違ってファンが選んで観に来てくれます。たくさんのファンよりコアな層を狙って共感を産むことを忘れず編集テクニックを使ってください。あなたのチャンネルとしての統一感を出すことが大切です。

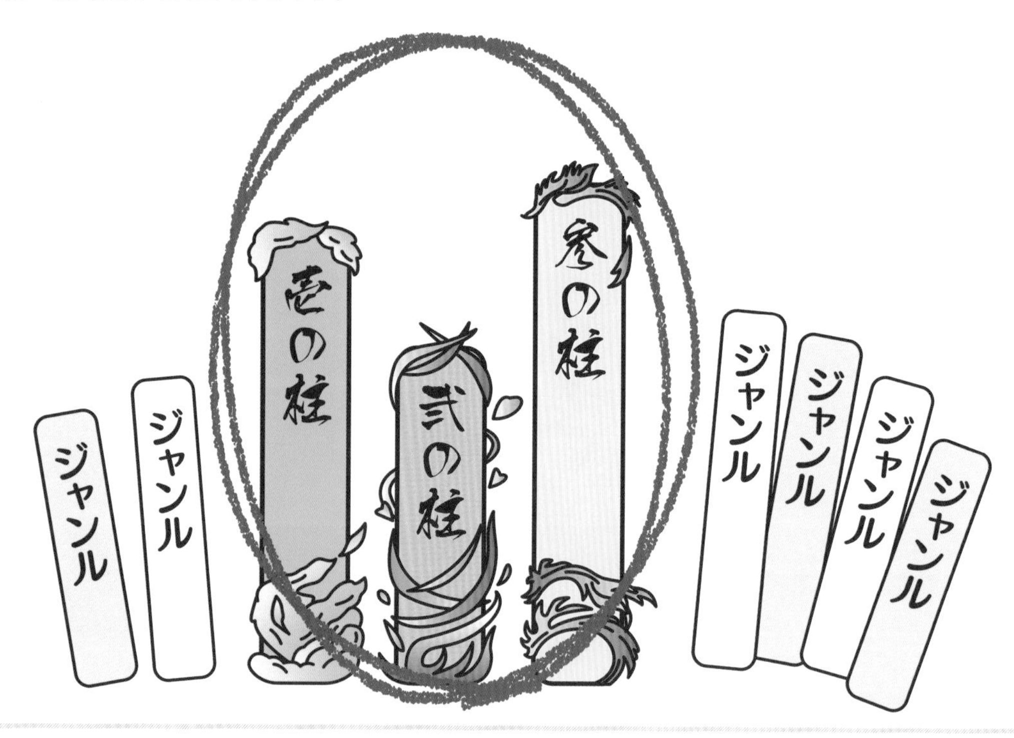

# 6

# さっそくYouTubeに撮影動画をアップしよう

ここではYouTubeへの投稿までの一連の流れを実際にやってみて成功体験を培いましょう。動画の編集はほぼなしで撮った動画をシンプルにYouTubeに投稿することで一連の流れをつかむことができ、今後のユーチューバーとしての活躍にグッと近づきます。

# Googleアカウントについて覚えよう

YouTubeに動画を投稿するには、Googleアカウントが必要です。Googleアカウントは、Googleが提供するサービスを利用する際にも必要なアカウントです。なお、13歳未満は、Googleアカウントを取得できないため、ファミリーリンクを使って保護者に作成してもらう必要があります。

## YouTubeへのアップロードにはGoogleアカウントが必要です

YouTubeを観るだけならGoogleアカウントなしでも視聴できますが、自分の動画を投稿するには必ずGoogleアカウントでログインしなければなりません。

Googleアカウントは YouTubeだけでなくGoogleが提供する様々なサービス（GmailやGoogleMapなど）でも使用でき便利な機能を使えるのでおススメです。

▲YouTube

▲Gmail

▲Google Map

▲Googleドライブ

## GoogleChromeアプリのインストールとログイン

Googleアカウントを作成するためには『GoogleChrome』アプリをインストールしましょう。Chromeアプリを開いて「Gmail」と検索しGmailページの右上『ログインボタン』をタップしログイン設定に進みます。すでにGoogleアカウントを持っている人は表示されるアカウントをタップしてパスワードを入力しそのままログインできます。

## Google アカウントを新(あら)たに作成(さくせい)する方法(ほうほう)

まだGoogleアカウントを持っていない人は、左記と同じくChromeアプリのログイン画面から『アカウントを作成』→『自分用』をタップ、続いて名前・生年月日・希望するユーザー名（メールアドレス）・パスワードを入力して、新しくGoogleアカウントを作成します。この際の名前はニックネームでも構いませんが、姓・名の2項目に分けて入力する必要があります。後々カスタムサムネイル等を使用できるようにするために電話番号入力が必要です。13歳未満はアカウントを作成できませんが保護者の方の同意を得て設定することもできます。ただし、将来収益化の条件をクリアしてもアカウント自体に年齢制限があるため収益化できないことがあるので、おススメは保護者の方にアカウントを作成してもらい子ども用のYouTubeサブチャンネルを作る方法です。

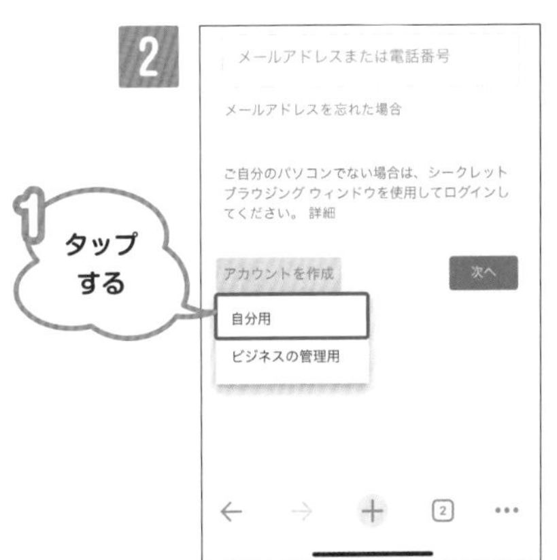

**3**

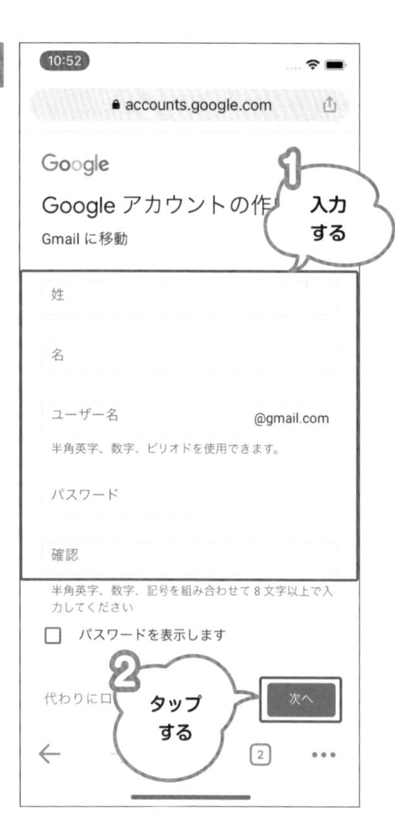


**4**

10:54

accounts.google.com

電話番号（省略可）

Google では、アカウントのセキュリティ保護
号を使用します。電話番号が他のユーザーに公
ことはありません。

①入力する

再設定用のメールアドレス（省略可）

アカウントを保護する目的で使用されます

年 月 日

生年月日

性別

この情報が必要な理由

戻る

②タップする

次へ

日本語 ヘルプ プライバシー 規約

**5**

10:54

accounts.google.com

- 分析や測定を通じてサービスがどのように利用されているかを把握するため。Google には、サービスがどのように利用されているかを測定するパートナーもいます。こうした広告パートナーや測定パートナーについての説明を ご覧ください。

**データを統合する**

また Google では、こうした目的を達成するため、Google のサービスやお使いのデバイス全体を通じてデータを統合します。アカウントの設定内容に応じて、たとえば検索や YouTube を利用した際に得られるユーザーの興味や関心の情報に基づいて広告を表示したり、膨大な検索クエリから収集したデータを使用してスペル訂正モデルを構築し、すべてのサービスで使用したりすることがあります。

**設定はご自身で管理いただけます**

アカウントの設定に応じて、このデータの一部はご利用の Google アカウントに関連付けられることがあります。Google はこのデータを個人情報として取り扱います。Google がこのデータを収集して使用する方法は、下の [その他の設定] で管理できます。設定の変更や同意の取り消しは、アカウント情報（myaccount.google.com）でいつでも行え

①タップする

その他の設定

キャンセル

同意する

日本語 ヘルプ プライバシー 規約

**6**

## 保護者の方のアカウントに紐づけてサブチャンネルを作成する方法

保護者の方のGoogleアカウントを使ってお子さん用のYouTubeチャンネルを作成することが出来ます。サブチャンネルを作成するメリットとしては、同じアカウントから複数作成できるので親子でYouTubeチャンネルの使い分けができることや、複数のチャンネルを効果的に活用できて、将来収益化の条件をクリアしたときに収益を得られることなどです。サブチャンネルをスマートフォンで作成するには、GoogleChromeアプリでしか作成できません。YouTubeアプリを持っている方もChromeアプリで操作してください。

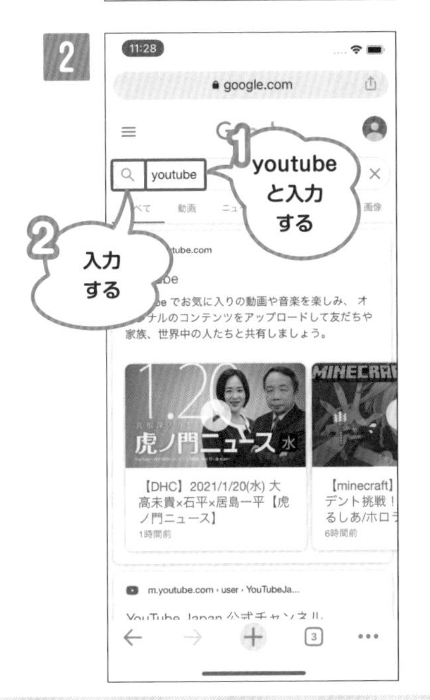

6

11:28

youtube.com

アカウント

YouTube での表示方法や表示される内容を選択する

1
タップ
する

7

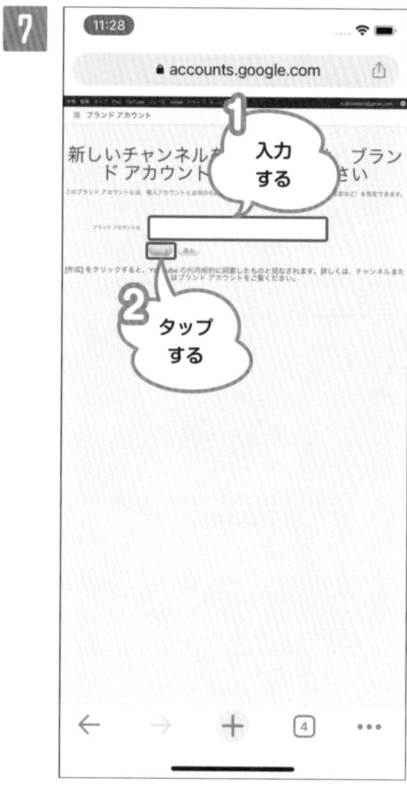


8

# 動画をアップロードする準備をしよう

Googleアカウントを取得し、YouTubeにログインしたら、早速動画を撮影してみましょう。ここでは、動画を投稿するための手順を学ぶために、短い動きのある動画を撮影するとよいでしょう。動画を撮影し終えたら、写真アプリで撮影した動画が保存されていることを確認します。

## 撮影するにあたって

いよいよスマートフォンのカメラアプリを使って撮影していきます。カメラアプリもいろんなものがありますがこの本では元々スマートフォンに入っているカメラアプリを使って撮影します。

YouTubeに投稿するにはカメラアプリのビデオモードで動画を撮影していきましょう。

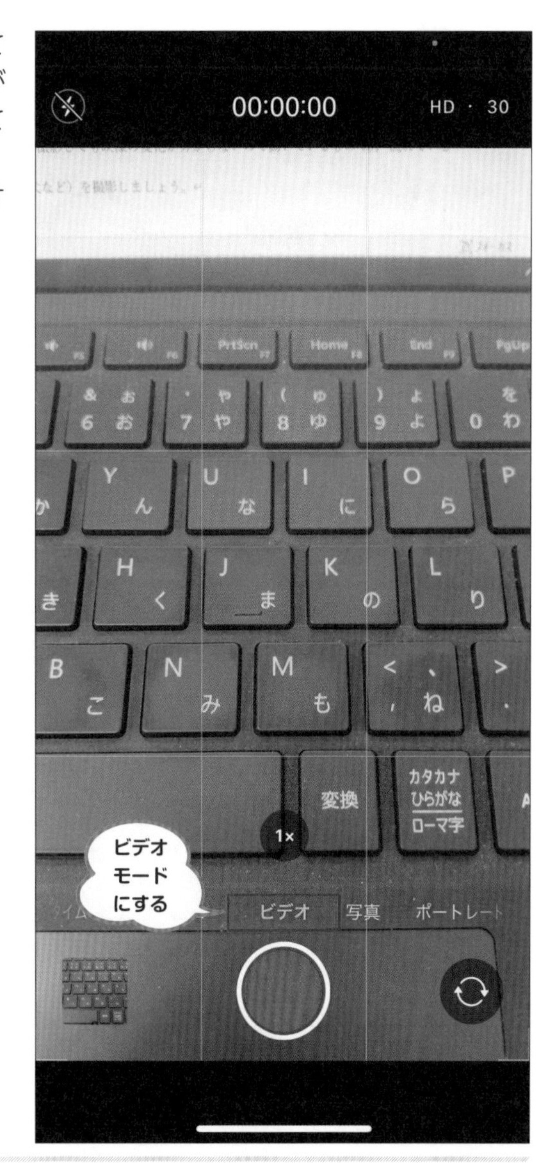

## 何(なに)を撮影(さつえい)するか考(かんが)えてみて（動(うご)きのあるもの）

この章では撮影から投稿までの一連の流れを完成させることが目的なので、どんな動画でも問題ありません。ただあまり長い動画だと書き出しやアップロードに時間がかかってしまうのでなるべく短い動画にしましょう。

止まっているものを撮影しても映像の変化が分からないので動いているもの（例・流れている川やえさを食べる犬など）を撮影しましょう。

◀ワンちゃんの食事はかわいい動きが撮影できる

▲川の撮影は自然のすばらしさが表現できる

## さっそく撮影しよう

ここでは本を読みながら家の中でも簡単に撮れる動きのある動画として『グーチョキパーの手遊び』動画を紹介します。動画の長さは5秒程度で構いません。

右手でスマートフォンを持って撮影するので三脚も必要ありません。

多少の手振れもここでは気にせずとにかく動画を撮影してみることをテーマに取り組みましょう。

## カメラロールに保存できているか確認しよう

動画は撮影に慣れるためにも3回くらいは撮り直してみましょう。そして写真アプリを開いて、撮影した動画がきちんと保存されているかを確認します。

この時一番お気に入りの動画だけ残していらない動画は削除しましょう。

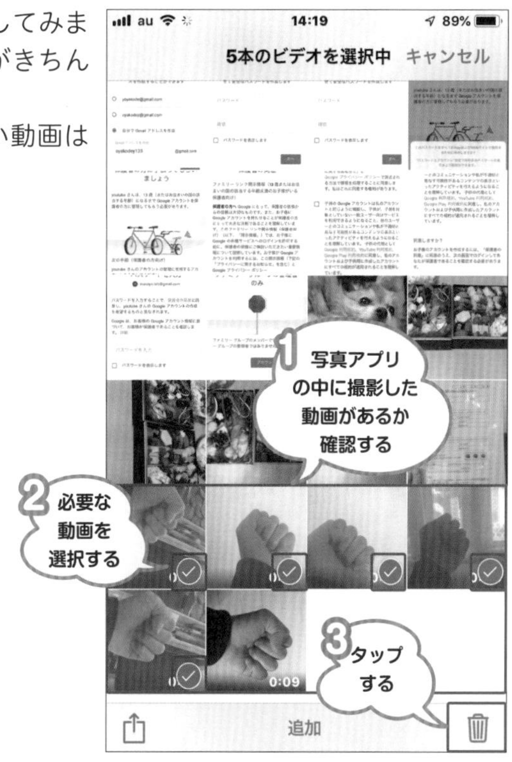

# 動画をアップする前に注意すること

動画を撮影したら、まず、背景に撮影場所を特定できるような建物や景色が写り込んでいないか確認しましょう。撮影場所が特定されると、強盗や誘拐などの犯罪に巻き込まれる可能性があるためです。また、名札や免許証など個人情報が載っているものが写り込んでいないかどうかも確認しましょう。

## 撮影した動画に名前や住所が分かるものが映り込んでいないか

先ほどの例で撮影した『グーチョキパーの手遊び動画』などでも背景に自宅の住所や名前が分かるものが映り込んでいないかチェックしましょう。まだ公に公開はしないのですがこの段階から、背景やロケーションに気を付けて撮影することを覚えておいてください。おススメは自宅の中でも壁の前や床の上など他に余計なものが映り込みにくい場所で撮影することです。

## たまたまテレビやラジオでかかっている音楽(おんがく)が入(はい)り込(こ)んでいないか

撮影するときにテレビやラジオの音楽などがかかっていて音が入り込んでいないか注意してください。YouTubeでは音楽の著作権チェックに力を入れていてＡＩを使って自動識別しています。少しでも音楽が入り込んでいると著作権侵害の申し立ての通知がくることがあるので気を付けましょう。

# 著作権　肖像権　公序良俗　犯罪など法的な注意点の確認

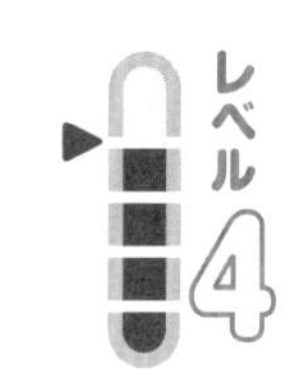


動画には、テレビやラジオの音声が入り込まないように注意する必要があります。他の人の楽曲や著作物が写り込んだ動画を公開すると、著作権法に抵触する恐れがあります。また、俳優などの写真や映像が写り込んだ動画を投稿すると、肖像権やパブリシティ権の侵害で訴えられる可能性もあります。

## 著作権とは

著作権とは著作物を保護するための権利です。著作物とは、思想又は感情を創作的に表現したものであって、文芸、学術、美術又は音楽の範囲に属するものをいいます。

例えば、テレビ番組や映画をYouTubeにアップロードすることは禁じられています。

## 肖像権とは

肖像権とは自分の姿や顔を無断で写真・映像などに写しとられたり、それを展示されたりすることを拒否する権利です。例えば、芸能人の写真やキャラクターを勝手に使うと法律違反になり罰せられます。

## パブリシティ権とは

パブリシティ権とは芸能人や有名人など、その人物の名前や肖像そのものに商業的な価値がある場合そこに財産的価値があると見なされ、その経済的権益・価値を本人が独占できる権利のことです。例えば、キャラクターを使ってアニメーションを勝手に編集して公開すると違反になります。

## 公序良俗に反すること

言葉としては難しいですが、解釈としては公の秩序に反することです。言い換えると、倫理に反することを意味します。例えば、人を貶めることを目的とした動画や、過激な性的表現の動画、個人を強烈に批判した動画などは、これにあたるためにYouTubeでの公開はできません。

## 犯罪がからむこと

これはその通りの解釈でいいと思います。犯罪そのものを動画として公開することはYouTubeではできません。また、犯罪を助長する動画も同じです。例えば、よくテレビで放送している警察ドキュメントは、防犯を目的としたものですのでこれにあたりません。

## ユーチューバーとして注意(ちゅうい)する著作権(ちょさくけん)

これからユーチューバーを始める前に、特に注意してほしいのは音楽の著作権と他人の肖像権です。

前章でも述べましたが一般的な楽曲には著作権があるので、YouTubeのオーディオライブラリ内の曲や、編集アプリにある著作権フリーのBGMを使うようにしてください。また、肖像権に関しては許可なく他人の顔や姿、建物などを撮影しないように心掛けましょう。これら著作権などの法律に関することは保護者の方と相談してから動画をアップロードしましょう。

# 動画をアップロードしてみよう

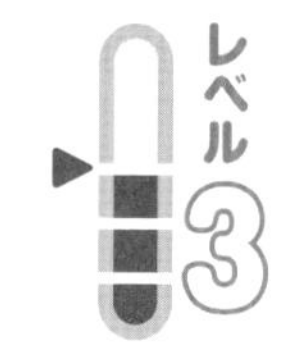


動画の確認が完了したら、動画を編集しましょう。動画を動画編集アプリに取り込んで、動画の長さや順番などを編集し、テロップを挿入して、動画を書き出します。書き出した動画はYouTubeアプリで投稿します。

## 編集アプリに動画を取り込む

ここで先ほど撮影した動画を編集アプリに取り込みます。

### VLLO

**1** ビデオ/GIF作成をタップ

**2** 先ほど撮影した動画をタップして選択して右上の > 矢印をタップ

**3** 設定は画面比率【16：9】、動画配置【差し込む】を選択し右上の［ > ］矢印をタップ

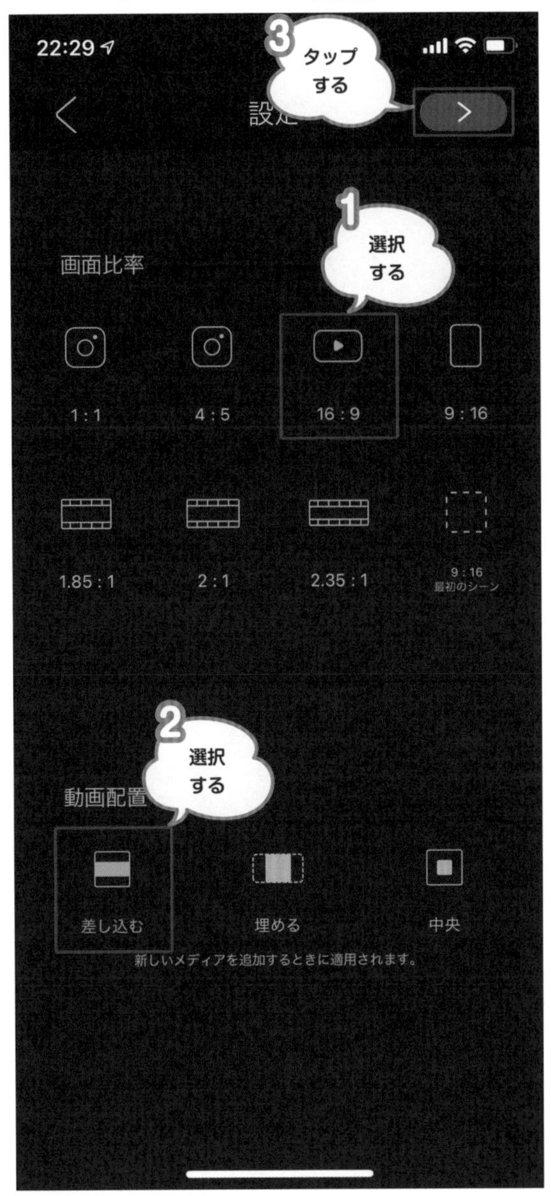


ワンポイント

画面比率は16：9が一般的です。いわゆるハイビジョンサイズと言われるものです。

**4** 読み込み中表示が終わると編集画面になります。

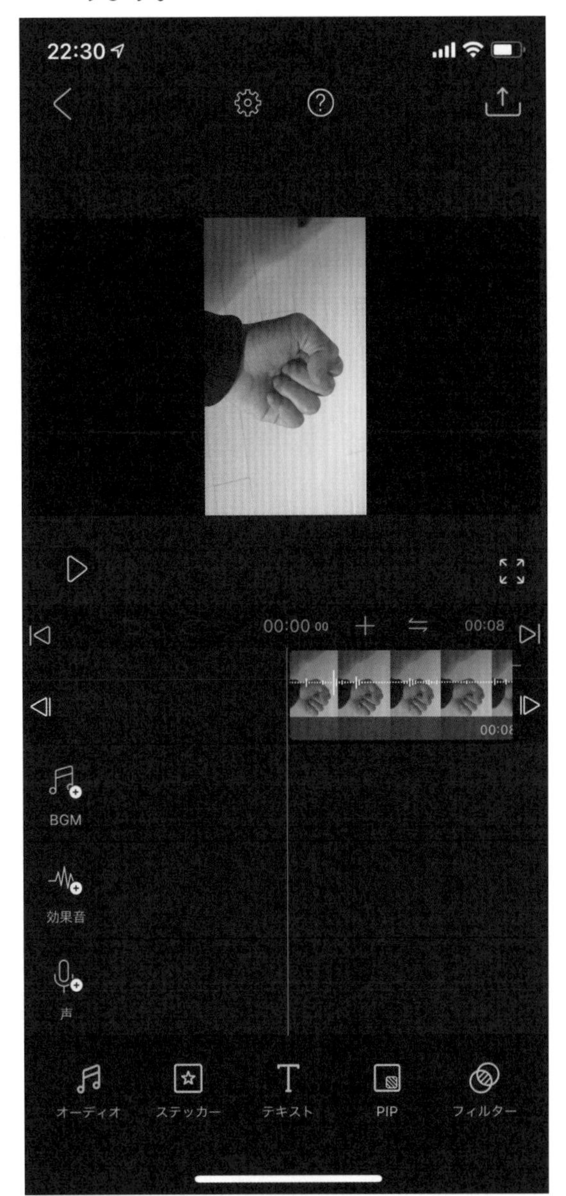

ワンポイント

撮影した動画が長いと、読み込みに時間がかかってしまうので、注意しましょう。

## iMOVIE

**1** 左上の＋（新規作成）をタップ

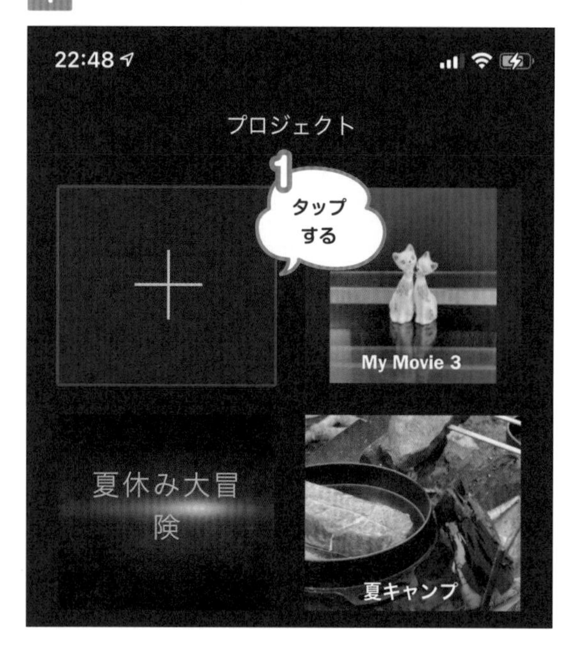


**2** ムービーをタップし選択

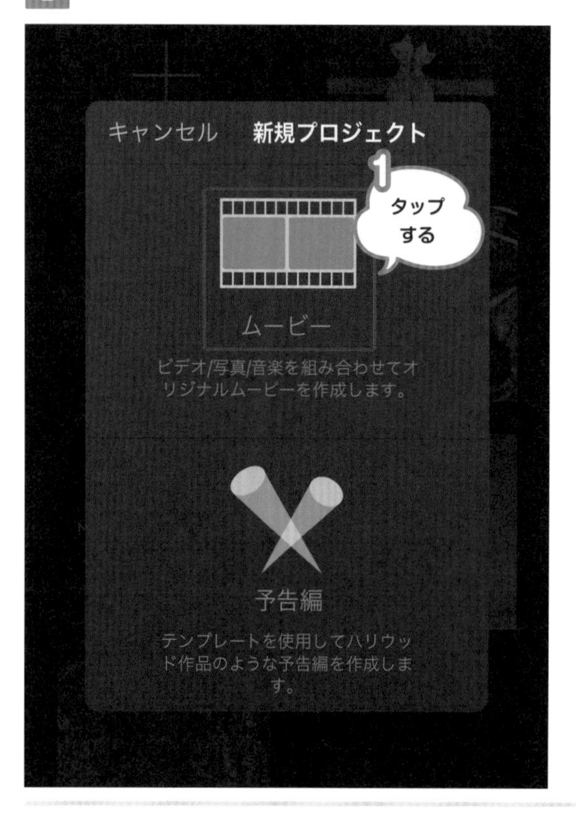


**3** 先ほど撮影した動画をタップして選択し画面下部の【ムービーを作成】をタップ

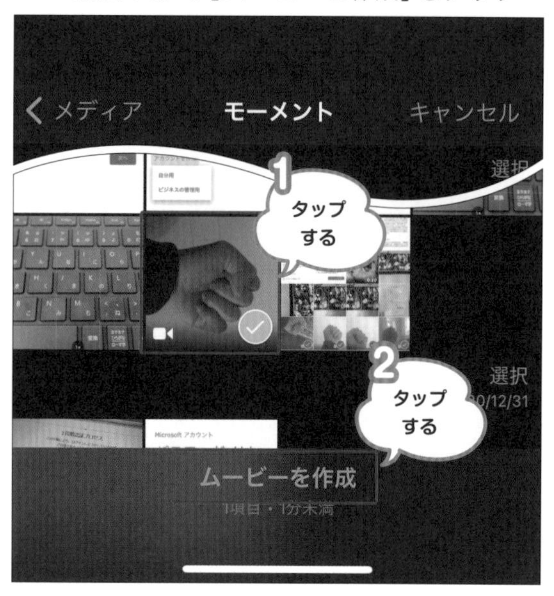


**3** 編集画面になります。

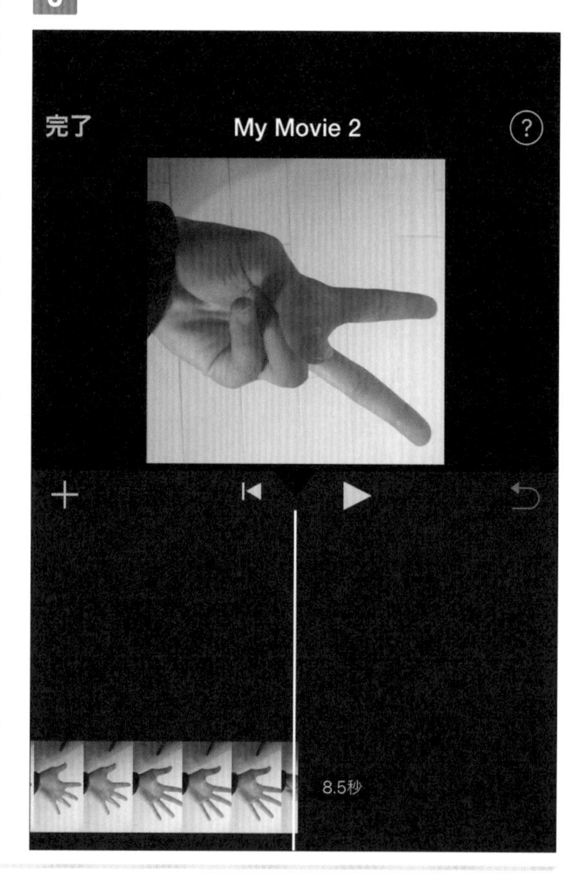

## テロップをいれる（VLLO）

**1** 下部中央の【テキスト】をタップし、画面左のT＋テキストという個所をタップ

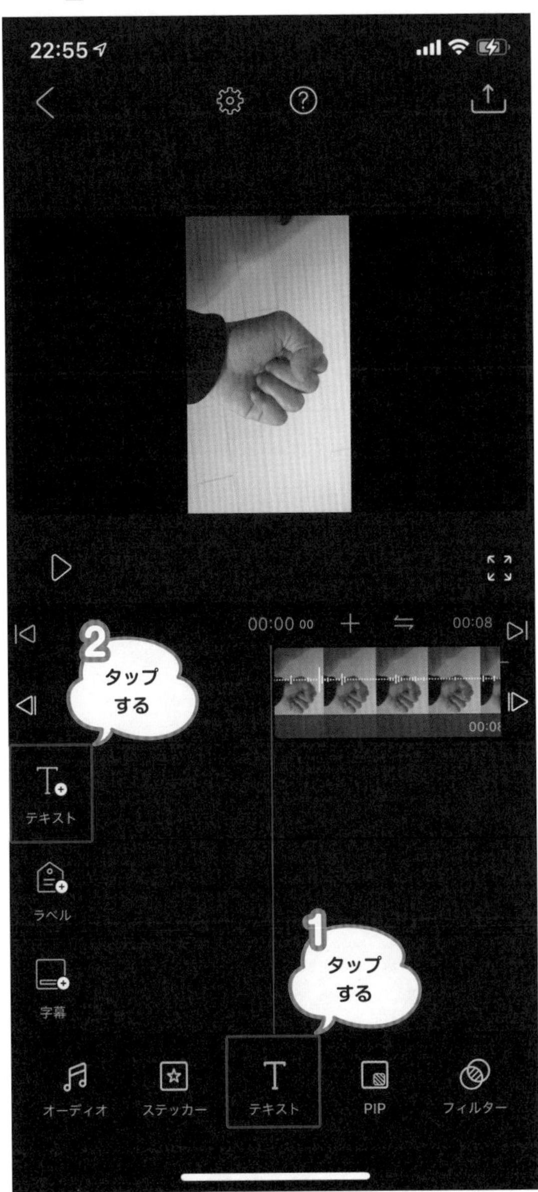


▲テロップの準備をします

**2** ベーシックの【Text here】をタップし選択して右下✓タップ

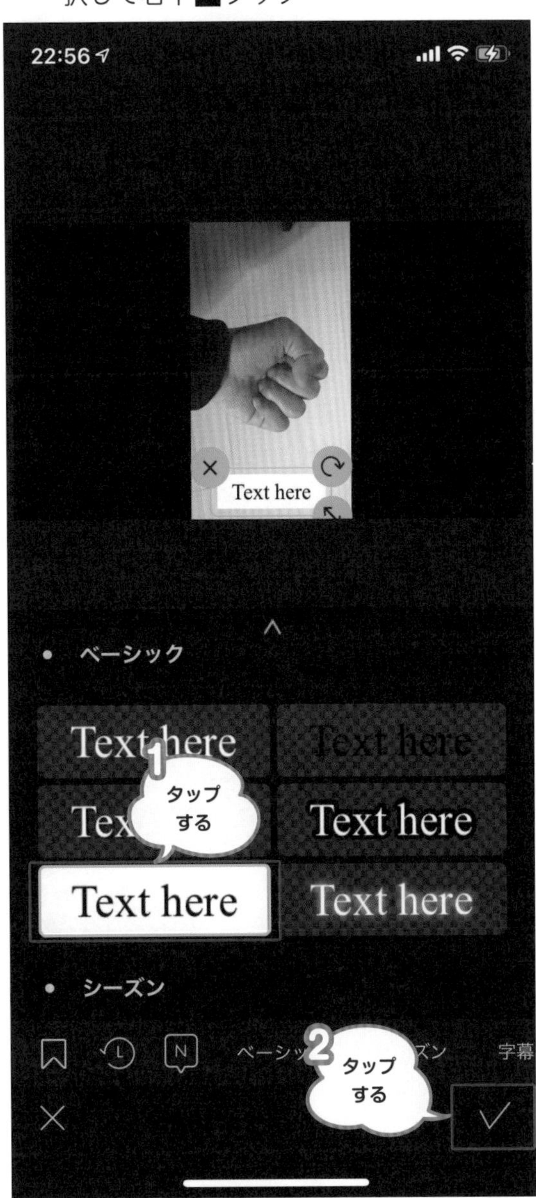


▲フォントを選びます

## 3 画面上の【Text here】をダブルタップし「グーチョキパー」と入力して☑タップ

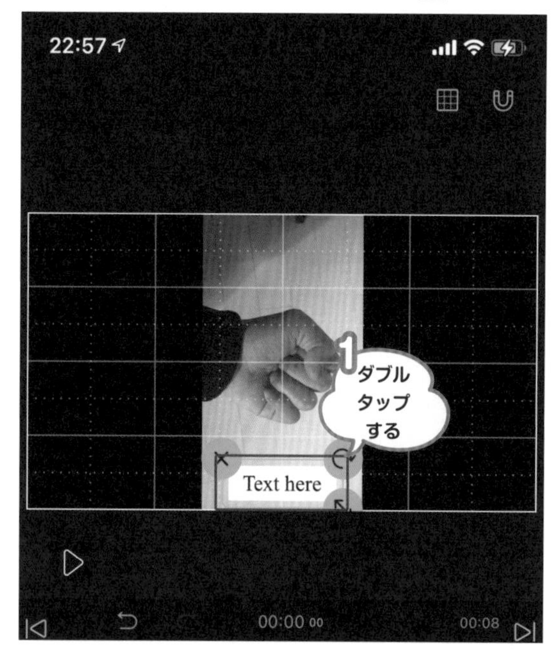


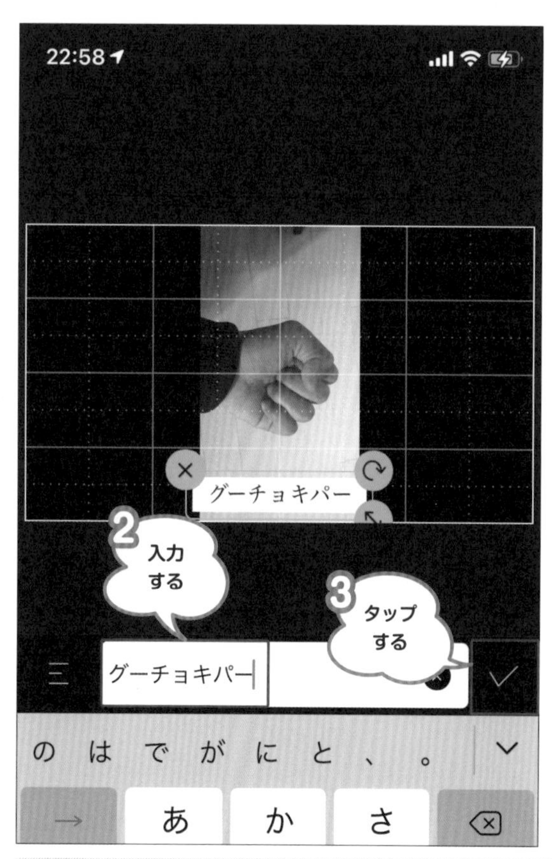


## 4 下部の完了をタップ

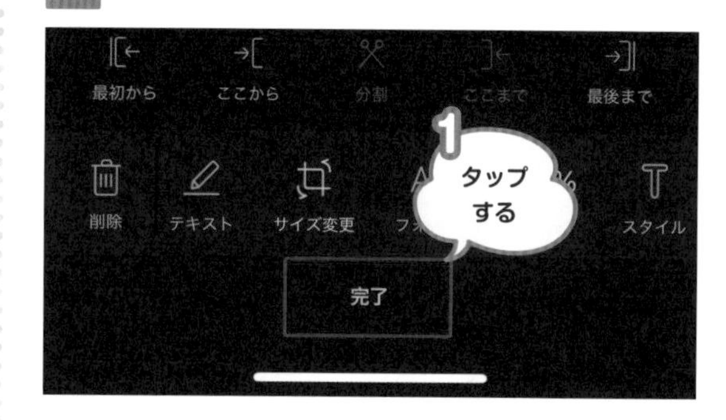


## 5 再生ボタン▶をタップし確認

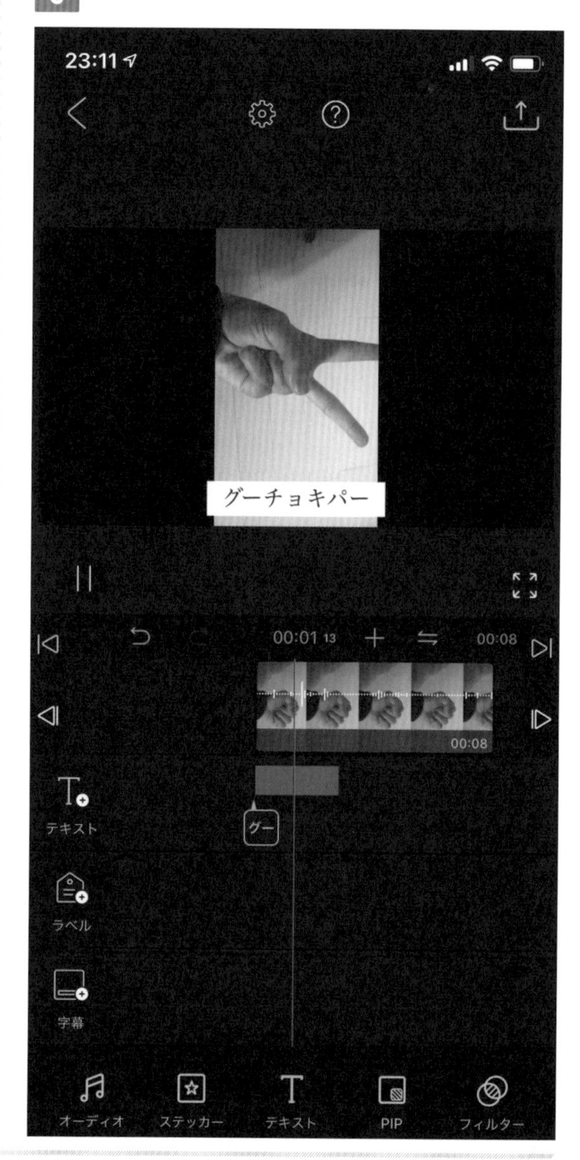

## テロップをいれる（iMOVIE）

**1** 画面下部の方の動画をタップ

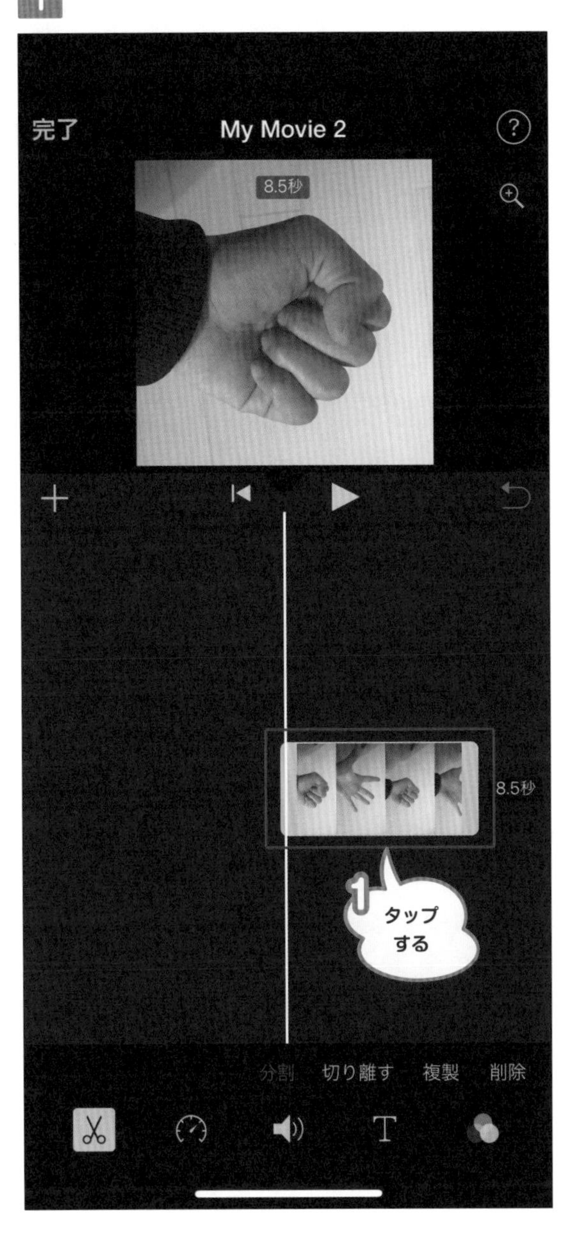


**2** 【スライド】をタップ

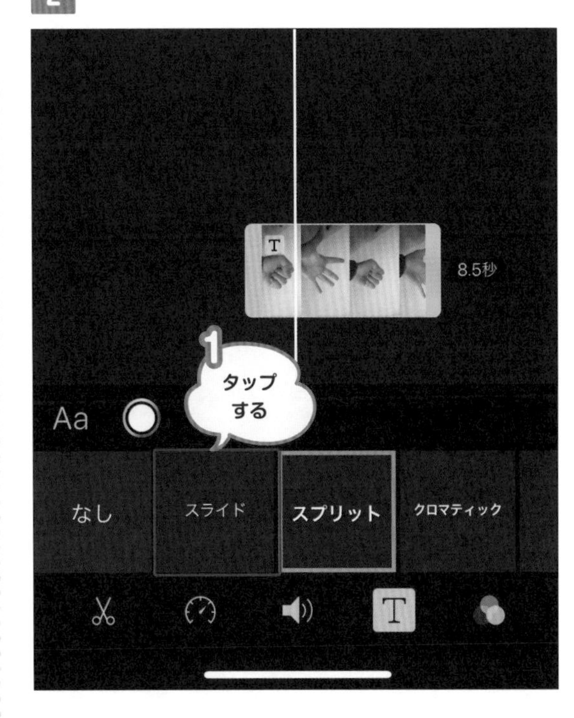


**3** 画面下部【テキストT】をタップし【スプリット】をタップ

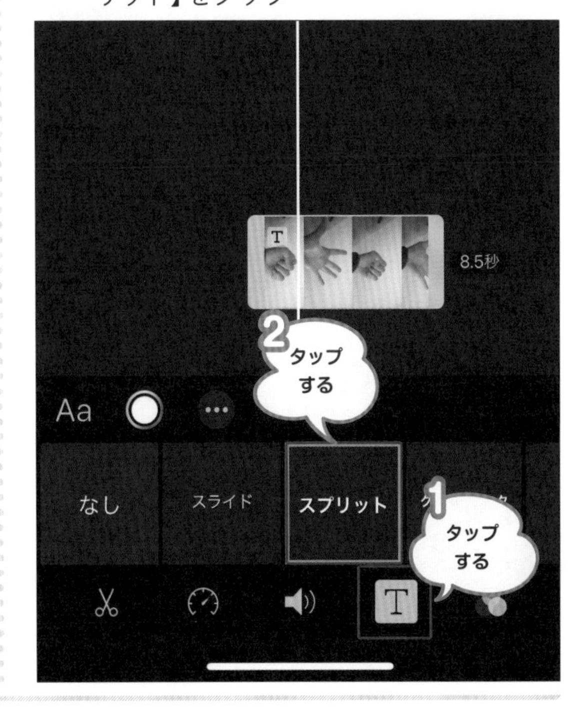

**4** 画面に【タイトルを入力】が表示されるのでタップし、表示された【編集】をタップ

**5** 文字が選択されるので「グーチョキパー」と入力し完了をタップ

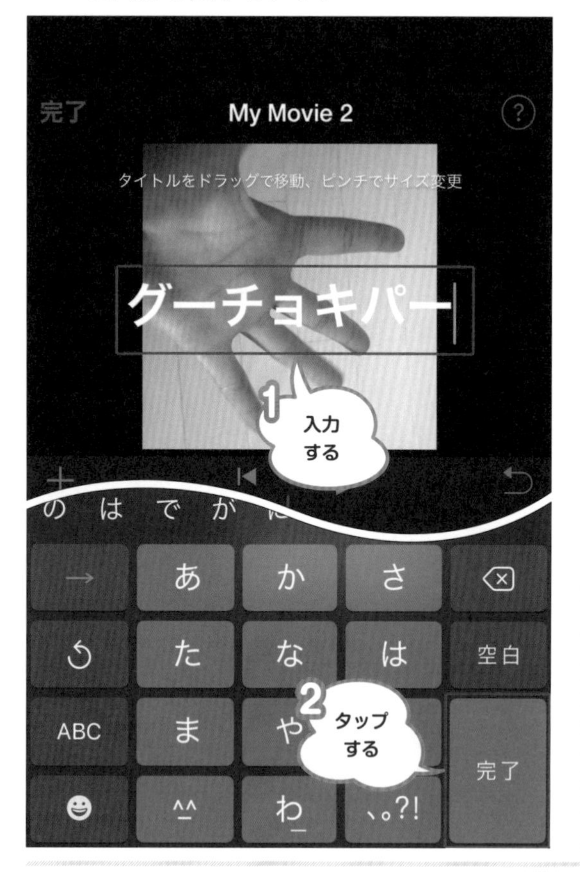


**6** 再生ボタン▶をタップし確認

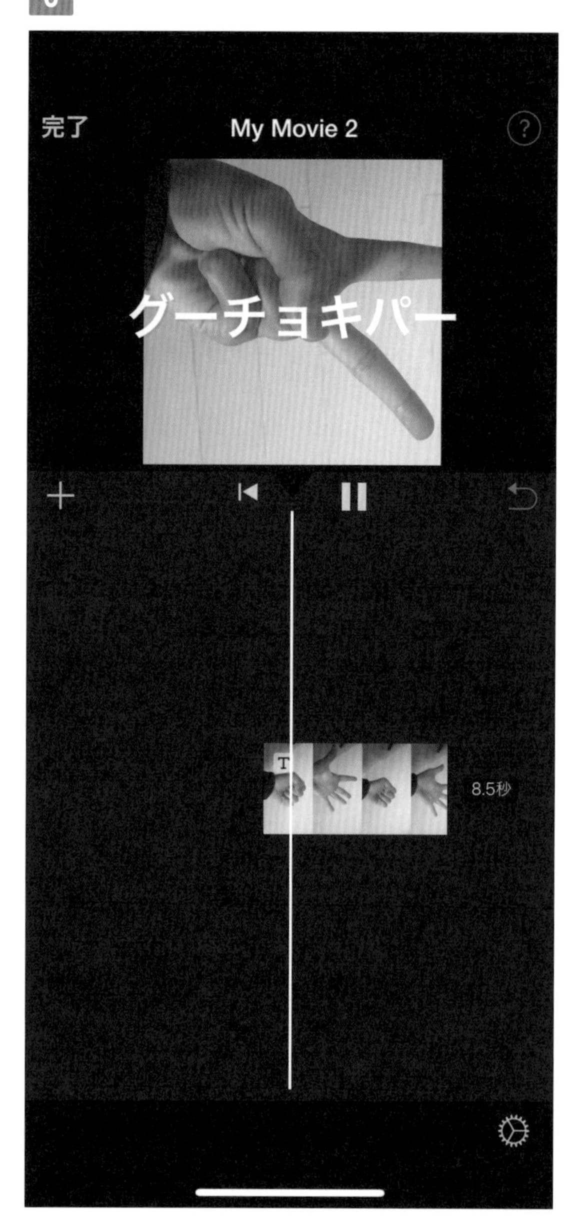

iMovieのいいところは手順がシンプルで初心者でも使いやすいところです。iPhoneユーザーにはうれしいアプリです。

## 動画を書き出す（VLLO）

1 右上の📤をタップ

2 抽出する画面に切り替わるので動画の設定をする
フォーマットは動画、解像度は高画質、フレームレート30fps、アラームはオンにします
下部の【抽出する】をタップし書き出す

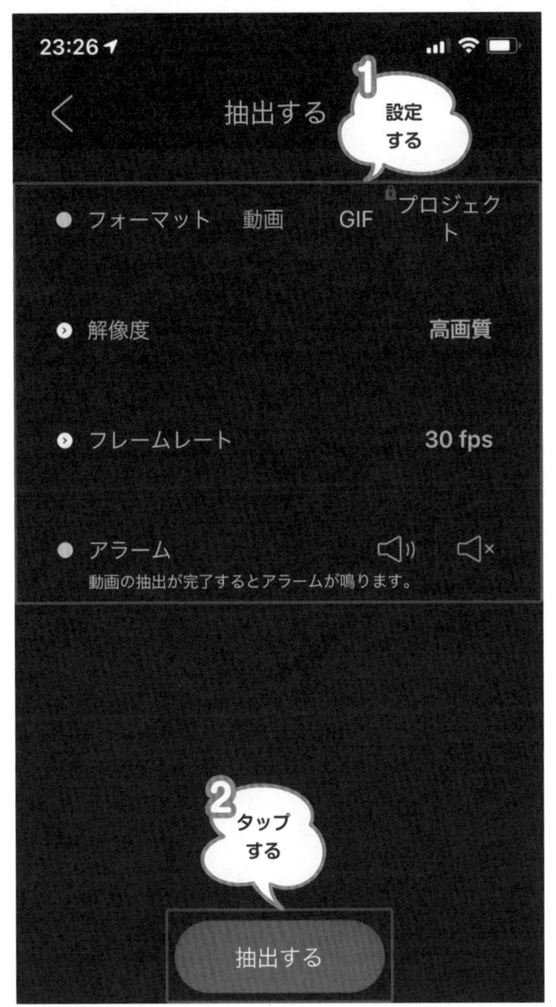


3 この際広告が表示されるがタップしない様に注意し閉じる

4 【Saved the Video in Camera Roll】と表示され書き出し完了

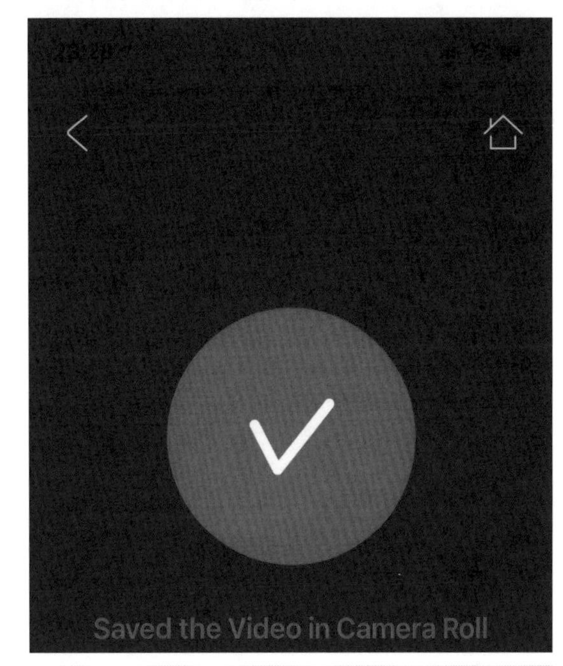

## 動画を書き出す（iMOVIE）

**1** 左上の【完了】をタップ

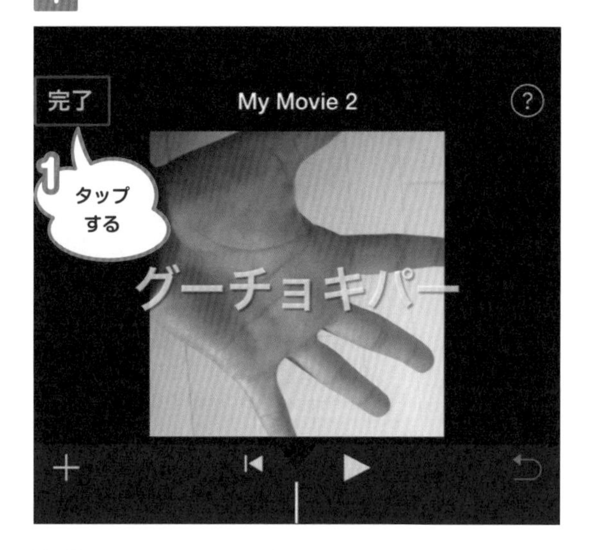


**2** 画面下部中央の をタップ

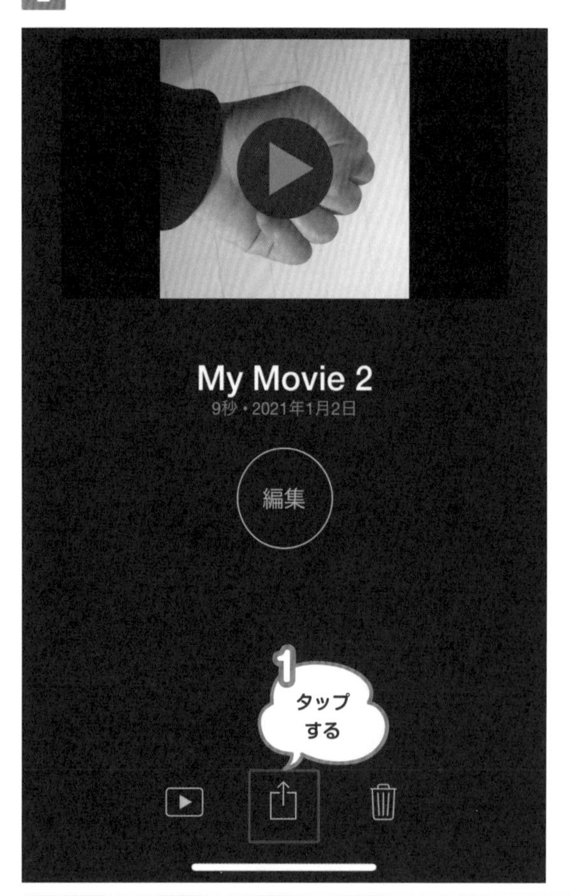


**3** 【ビデオを保存】をタップ

**4** 【このムービーはフォトライブラリに書き出されました。】と表示され書き出し完了

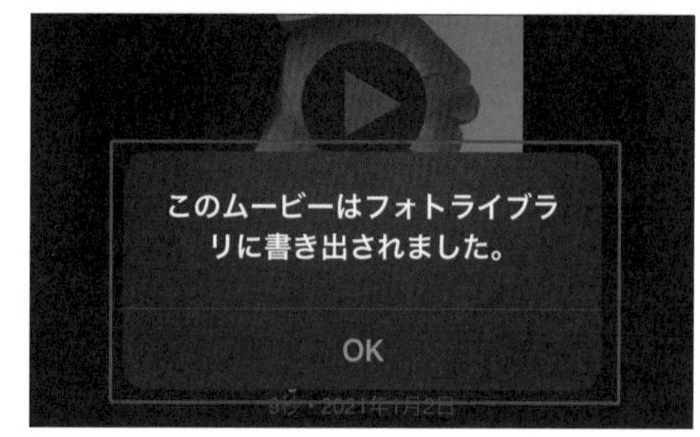

## YouTubeへアップロードする

簡単な操作でアップロードするために、まず『YouTubeアプリ』をAppStore（もしくはGooglePlay）からインストールしてレッスン32で作成したアカウントでログインしましょう。

**1** YouTubeアプリを開く

**2** 下部中央の【＋マーク】をタップ

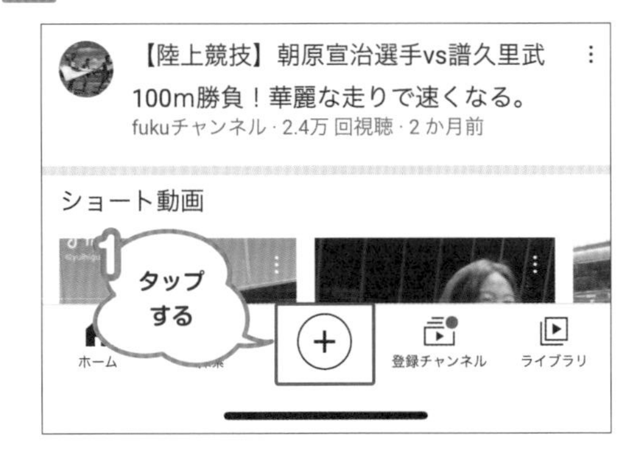


**3** 【動画のアップロード】をタップ

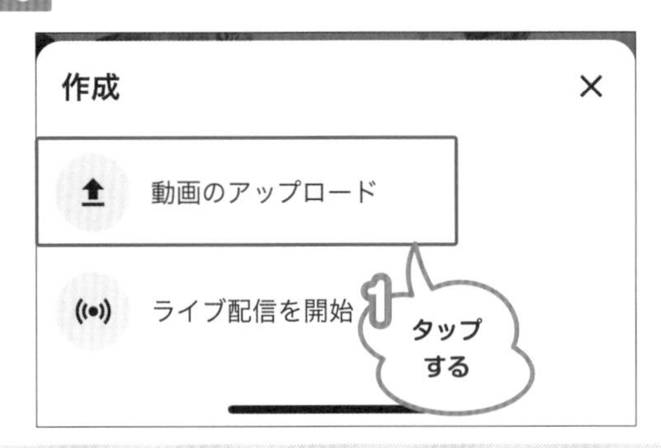


**4** 前ページで書き出した動画をタップし選択する

**5** 右上【次へ】をタップ（ここでも簡単なカット編集や色味編集は可能）

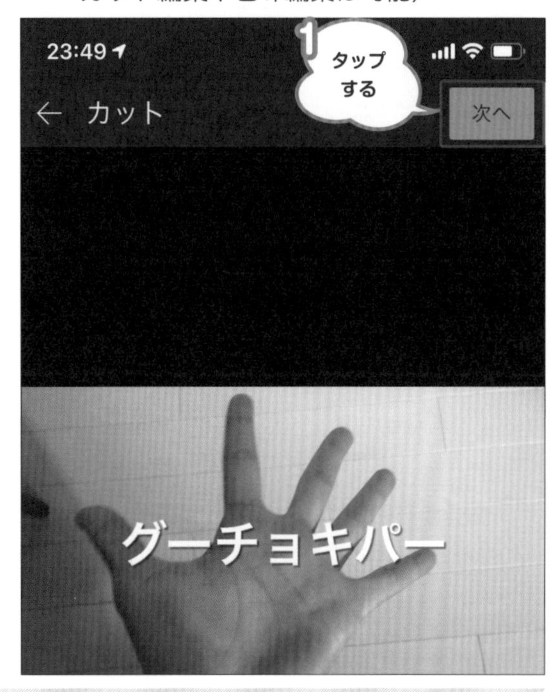

**6** ここで動画のタイトルなどを入力します
タイトル：テスト動画
説明：グーチョキパー
公開設定：限定公開
そして右上【次へ】をタップ

**7** この動画は子ども向けですか？項目を「いいえ、子ども向けではありません」に設定し右上アップロードをタップ

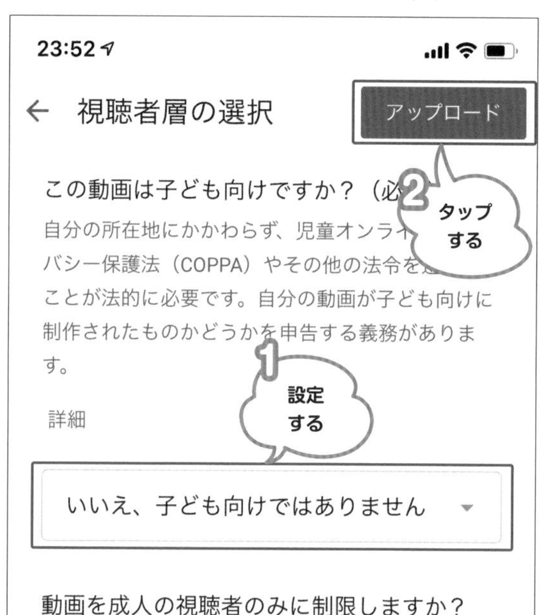


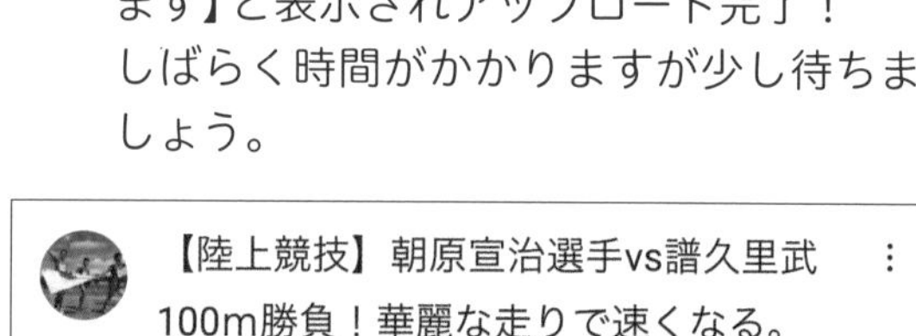


**8** 画面下部に【動画をアップロードしています】と表示されアップロード完了！
しばらく時間がかかりますが少し待ちましょう。

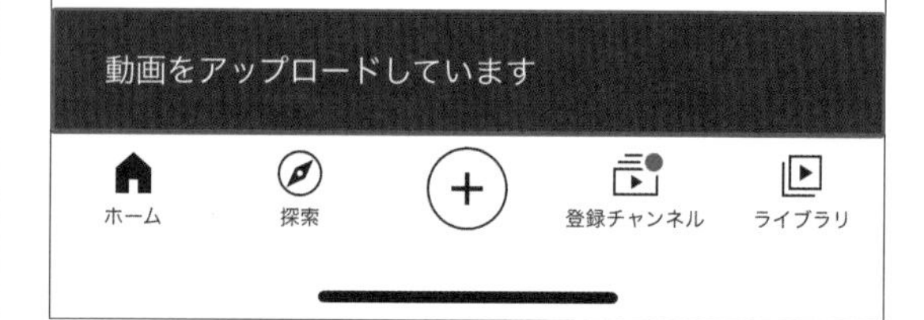

**9** 動画が正しくYouTubeにアップロードされたか確認するために右下の【ライブラリ】をタップ
【自分の動画】をタップ

**10** ここに表示されていれば正しくアップロードできています。

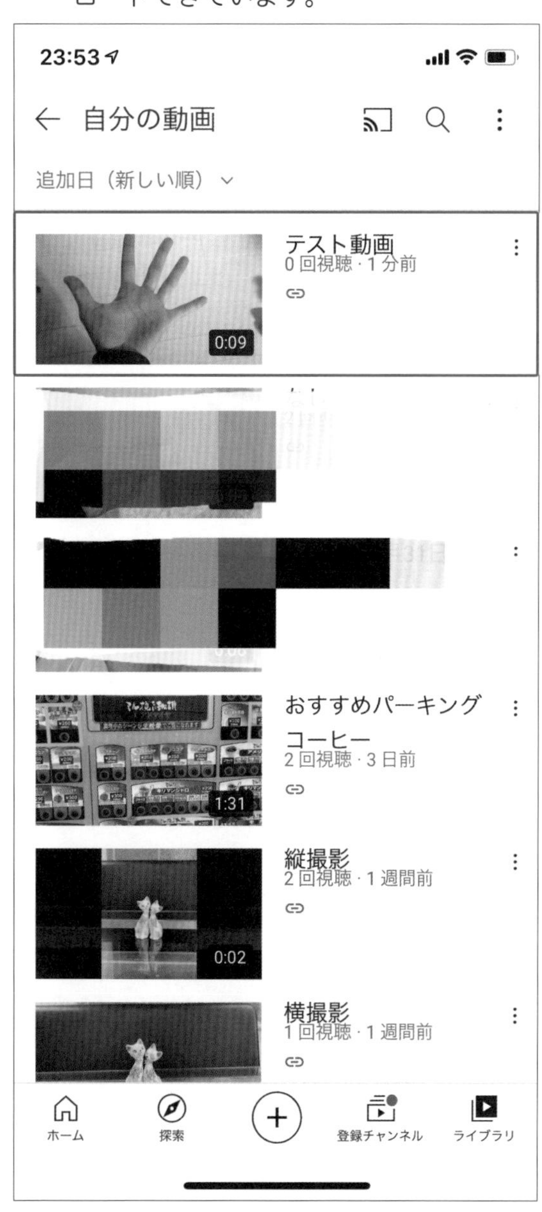

# アップロードにはいろんな方法がある

YouTubeでは、動画の公開方法を3つから選択できます。1つ目は「公開」で閲覧に制限なく公開され、2つ目は「限定公開」でURLを教えた相手にだけ公開できます。3つ目は「非公開」で、指定したGoogleアカウントのユーザーにだけ公開できます。動画の内容や目的に合わせて、公開方法を使い分けましょう。

## 公開・限定公開・非公開

前レッスンのYouTubeアプリを使ったアップロードの手順の中では限定公開としてアップロードしました。

YouTubeにはそのほかに公開・非公開と限定公開を含めて3種類の投稿方法があります。

公開は文字通り全世界に公開され、検索結果や関連動画にも表示されだれでも視聴することが出来ます。

限定公開はURLの共有が可能でURLを教えた人だけが視聴できます。

非公開は動画を閲覧できる人を限定できますがGoogleアカウントのメールアドレスを持っている人にしか限定できずURLの共有はできません。

## どの段階で設定するのか

**1** アップロードする段階で上記の公開設定を指定できますが、投稿した後でも公開設定の変更は可能です。
YouTubeアプリでライブラリから【自分の動画】の画面を開き、設定変更したい動画の右側の ⋮ をタップします。

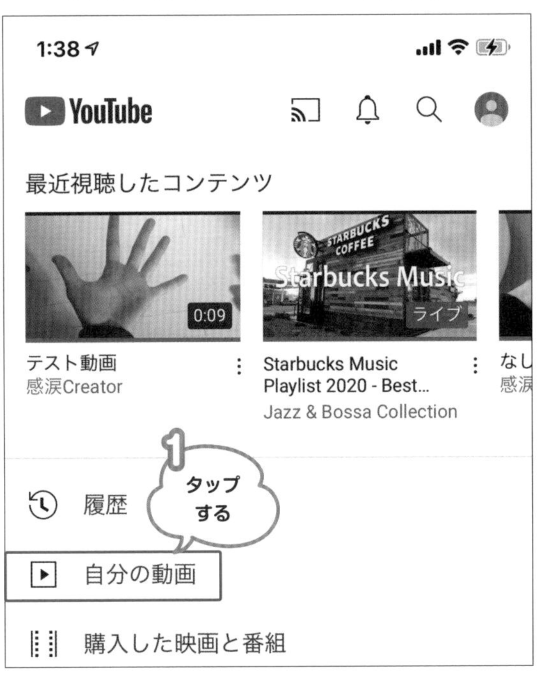

**2** 下部から出てくるメニューの中の【編集】をタップすると公開設定やタイトルなど設定し直すことができます。

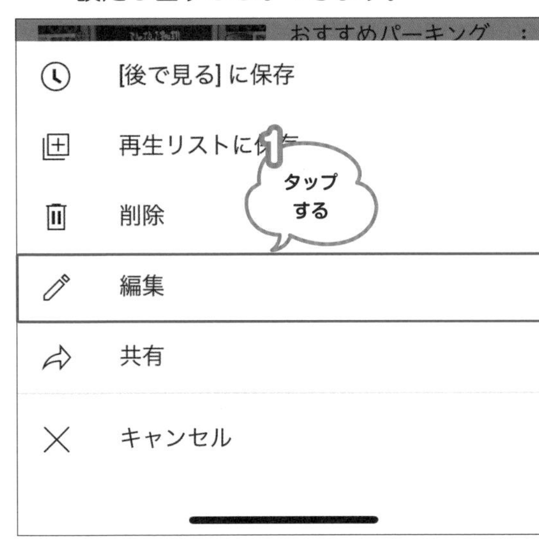


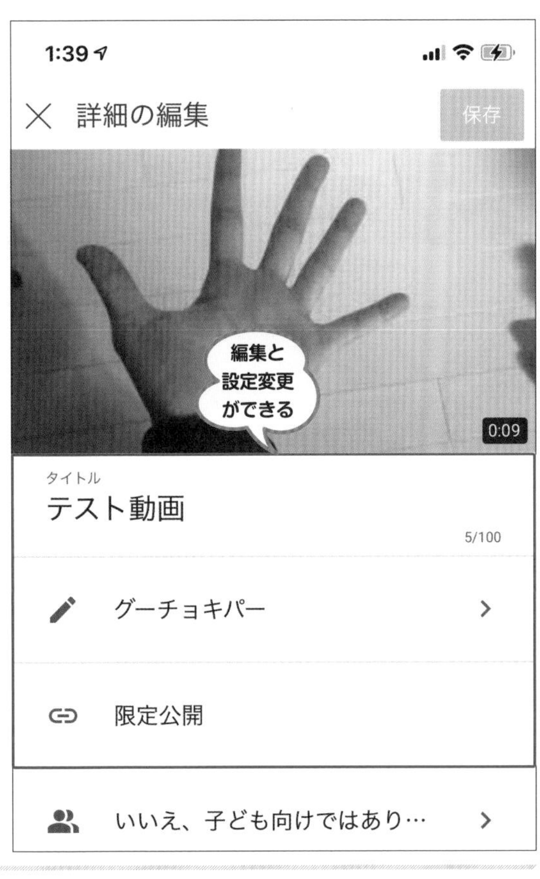

# 知り合いだけに観てほしい場合の伝え方

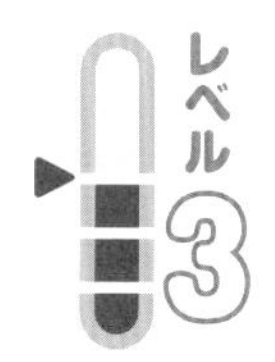


**動画を限定公開する場合、そのURLを公開したい相手に伝える必要があります。YouTubeでは、メールアプリやLINE、その他のSNSアプリを連携して、動画のURLを目的の相手に伝えることができます。プライベートな動画をシェアする場合には、限定公開を利用して家族や友だちに動画のURLを伝えましょう。**

ここではレッスン37でアップロードした動画を知り合いへの共有する手順を説明します。
まずYouTubeアプリで自分がアップロードした動画を再生します。すると動画の下に【共有】という矢印のついたボタンがあるのでそのボタンをタップし共有方法を選択しましょう。

## 知り合いにメールで送る方法

【Email】をタップ
するとメールアプリが開き、本文にあなたの動画のURLが記載されています。あとは件名とメールの宛先に知り合いのメールアドレスを入力し送信すればメールでの共有は成功です。

## LINEで共有する方法

【LINE】をタップ
するとLINEアプリが開くので送りたい人の名前を検索して【転送】ボタンをタップすると共有が完了します。

## その他SNSアプリで共有する方法

その他にも右側へスライドすると他のアプリで共有することが出来ます。

まとめると、限定公開設定でYouTubeに投稿した動画は、そのURLを知っている人だけが視聴することが出来るのでURLの情報を知り合いに教えるだけなのです。その手段がメールなのかLINEなのか他のアプリかの違いだけで、共有しているものはあなたのYouTube動画のURLとなります。非公開設定ではURLの共有が出来ないので注意してください。

# そもそもYouTubeでどうやって稼ぐの？

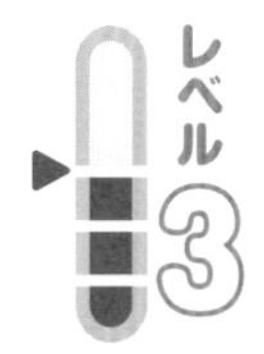


有名ユーチューバーが年収数億円を稼ぎ出した…といったニュースが飛び交います。YouTubeに動画を投稿するだけなのに、どうやってお金を稼いでいるのか気になりますよね。簡単にいうと、広告業です。投稿した動画に広告が表示され、それを視聴者が観たりクリックしたりすると、広告料が支払われるのです。

## YouTubeの広告収入とは

YouTubeでは動画の視聴や投稿だけでなく、一定の条件を満たすと動画の再生前や途中に広告を表示することが出来ます。表示された広告を視聴者が観たりクリックすることで、広告主からYouTubeへ広告料が支払われその一部を動画の投稿者（ユーチューバー）が受け取れる仕組みなので、ユーチューバーとしての収入を得られます。ということでユーチューバーとしての収入は主に広告収入となります。

そのほかにも次のような収入システムがあります。チャンネルメンバーシップ・グッズ紹介・スーパーチャット・YouTubePremiumの収益の一部

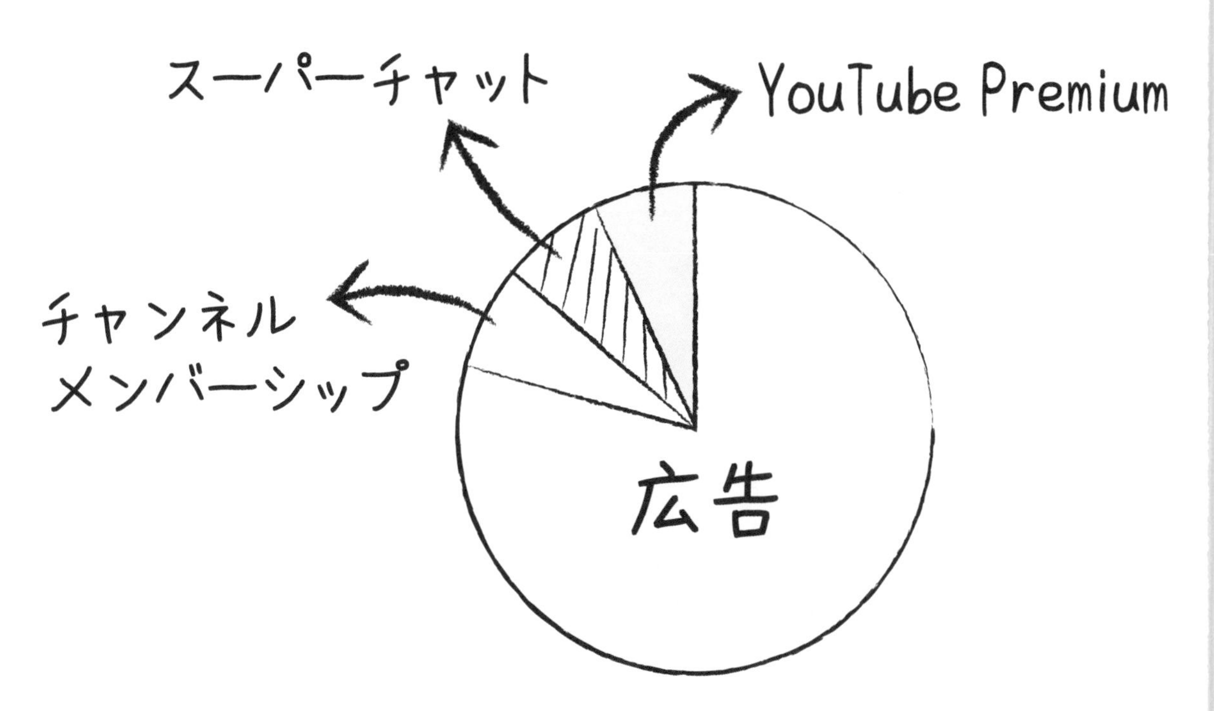

# 広告収入を受け取るには何が必要？

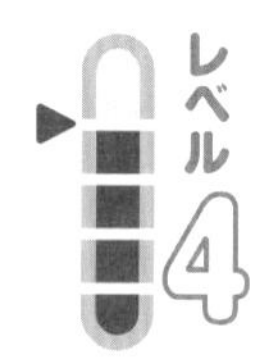


**ユーチューバーになると、すぐに広告収入が受け取れると思っている人が結構います。実は、広告収入を受け取れるようになるには、チャンネル登録者数が1000人以上で、動画の総再生時間数が4000時間を超えている必要があるなど、厳しい条件をクリアする必要があります。千里の道も一歩から、ですね。**

## 小学生ユーチューバーでも大丈夫？

YouTubeで広告収入を得られる条件は「18歳以上である、またはアドセンス経由での支払いに対応可能な18歳以上の法的保護者がいる」とされています。

アドセンスアカウントを作ってYouTubeパートナープログラムに加入する必要があります。YouTubeパートナープログラムに加入するためには、以下の条件をすべて満たす必要があります。①収益化ポリシーの遵守②パートナープログラムが利用可能な場所での居住③直近12カ月における動画の総再生時間が4,000時間以上④チャンネル登録者数が1,000人以上⑤AdSenseアカウントを持っている

上記を見ると難しく感じるかと思いますが、これからユーチューバーをはじめるために要約すると●チャンネル登録者数1000人●総再生時間4000時間というハードルを越える必要があり、このハードルを越えることが出来てはじめて広告収入の申し込みができるので、まずはここを目指しましょう。また小学生ユーチューバーは18歳未満なので保護者の方の協力が必須となります。

# 7

## YouTubeで収入を上げるためのテクニックをこっそり教えます

これまではユーチューバーとしてデビューする上での考え方や大切なことを伝えてきましたが、この章ではユーチューバーとして収入を得るために知っておくことや、やっておいたら得することをスマートフォン一つでできることに絞って伝授します。

# 起承転結が鍵なんです

ダラダラと続く動画を観てもおもしろいとは思いませんよね。ましてや次の動画を観たいとは思わないはず。では、おもしろい動画の特徴って何でしょう…？　それは、起承転結がはっきりしていて、ストーリー性がある動画です。ストーリー性があると、伝えたいことをスムースに理解してもらえます。

## 起承転結とは

起承転結とは『文章や話を分かりやすく伝えるためのストーリー作り』です。人に何かを話すときに思いついたまま話してしまうとなかなか伝えたいことを理解してもらいにくいことがあります。こういう時に起承転結を意識して話すようにすると、自分の伝えたいことが相手にスムーズに理解されやすくなります。

これは動画でも同じことが言えて、起承転結を意識しストーリー性を持たせることで視聴者に伝わりやすく、また飽きにくくなり最後まで観てもらいやすい動画になります。有名な映画や漫画なども起承転結をしっかり踏襲して作られているので根強い人気があります。

※上記画面は、解説を目的にしたイメージ画面です

◀ほとんどの人が知っている人気アニメにも起承転結が組み込まれています

※上記画面は、解説を目的にしたイメージ画面です

## 結を決めてから企画を練る

起承転結の中で最も重要な要素が『結』です。

この『結』要は結論を先に決めてからストーリーを作っていくと全体的にまとまりが良く、しかも簡単に構成が出来るようになります。企画を練る段階でも『結』を先に決めていると、それまでの『起承転』がイメージしやすくなります。起承転結のある企画に沿って動画を作るとダラダラとまとまりのない構成になりにくく、無駄のない尺（長さ）で分かりやすい動画を作れるようになります。

また『結』が決まっていれば『転』の部分をイメージしやすくなります。例えばおいしいカレーを作る動画だと、『結』を『最後お母さんに食べてもらったコメントで締める』と決めます。そうすると、ストーリーの途中で料理の失敗や食材の買い忘れなども『転』のシーンで使えます。

自分で思ってもみなかったストーリーがひらめくこともあり、先に結を決めることによるメリットは計り知れません。

▲お母さんカレー食べて「美味しい」の絵から逆算で失敗も物語に
じゃがいもを小さく切り過ぎても、ニンジンが売り切れててもストーリーになる

# 投稿の頻度は出来るだけ多く

ユーチューバー初心者は、できるだけ多くの動画を投稿しましょう。ただし、投稿がプレッシャーになり苦痛になってしまっては長く続けられません。ユーチューバーとしての活動を軌道に乗せるには、動画を投稿する曜日と時間を決めることです。コツコツと動画を投稿して、視聴者数を伸ばしましょう。

## 毎日投稿するのが理想

YouTubeをはじめたての頃はできるだけ多く動画を投稿することがおススメです。投稿していく中で再生回数の多い動画少ない動画の違いがわかってきますし投稿する作業にも慣れてくるからです。

しかし、毎日１本投稿しなければいけないとなると、学校や習い事、友達と遊ぶ時間など小学生にとって大切な時間をYouTubeに取られてしまいます。好きで始めたことなのに焦りやプレッシャーを感じて苦痛になるのは本末転倒です。ではどうしたらいいのか？を説明します。

## アップロードする時間や曜日を決める

毎日投稿できなかったとしても問題ありません。自分のペースに合わせて週に1本や2週間に1本でも構いません。要は自分のチャンネルを楽しみにしてくれる視聴者に分かりやすく投稿することが大切です。

それを効率よくするためには投稿する曜日や時間を決めて投稿しましょう。3日続けて投稿があったと思ったら1ヶ月全く投稿されないチャンネルよりも、毎週月曜日の19時に投稿されるチャンネルの方が視聴者数は伸びやすいのです。テレビ番組なども同じ手法です。

しかし毎週必ずその時間に投稿するのも大変ですがここで便利な機能で『公開予約』という方法があります。これはあらかじめスケジュール設定した時間に公開されるので、曜日問わず時間に余裕があるときにアップロードした動画でも、自分で決めた時間に公開できるのでとても便利です。忙しい小学生ユーチューバーにおススメの方法です。

▲動画の公開日をあらかじめ決めておくことで、あなたのチャンネルのファンが増えるメリットがあります

## 動画の公開日を設定するには

公開予約を設定する場合は、まず、動画をアップロードします。この時点では公開設定は「非公開」にしておいてください。アップロードが完了しましたら、YouTube Studioアプリを開きます。そこで、今アップロードした動画を選択して、その下にある「非公開」をタップします。次からは、以下の手順で進んでください。最後に、動画の画面に戻りますので、「保存」をタップするのを忘れないでください。

1

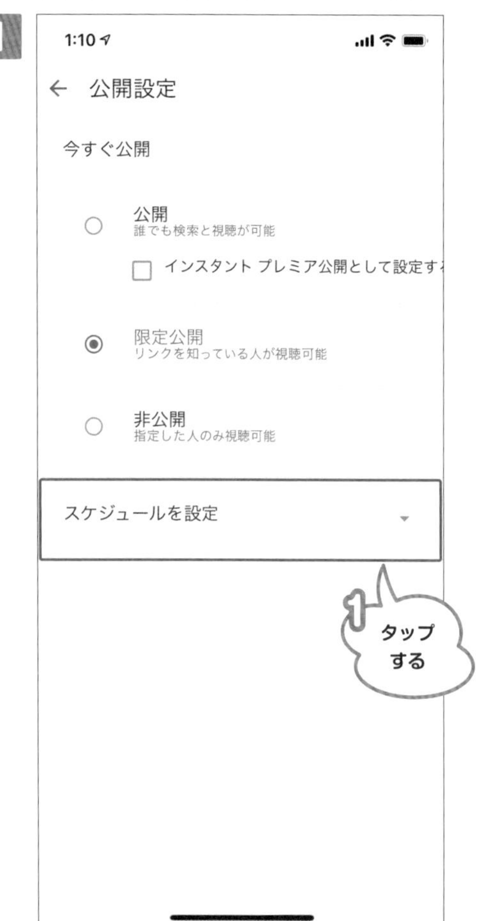


2

3

## 1～2日してからイイねを押す

自分が投稿した動画に自分でイイね（高評価ボタン）をすることが出来ます。投稿してすぐイイねするよりも1～2日してからするように心掛けましょう。

そうすることで視聴者のフィードに再度流れやすくなるからです。最初にアップロードしたときに観なかった人が観てくれるかもしれません。もしくは最初のアップロードで観てくれた人がもう一度再生してくれるかもしれないからです。ちょっとした工夫ですが効果絶大です。

▲動画をアップロードした直後は、多くの視聴者から観られるチャンスがありますが、2～3日経つと忘れられるため、そのタイミングで高評価をすれば、また、動画をチェックしてくれる視聴者が出てきます。この2段階のアピールが、視聴回数を増やすテクニックです

# テロップを動かす？

視聴者に伝わりやすくするには、テロップが効果的ですが、テロップに動きや効果音を付けるとインパクトを与えられます。テロップを移動させたり、光らせたりして強調してみましょう。ただ、動くテロップを多用しすぎると、テロップばかりが目立って内容が頭に入らなくなるため注意が必要です。

## テロップを動かす方向とは

これまでに重要な部分にテロップ入れると視聴者に伝わりやすい動画になると説明しました。テロップに慣れてきたらその表現方法も工夫して動きを付けてみましょう。

よくテレビなどで動くテロップを目にすることがあると思いますが、テロップは少し右から左にずれるだけで視聴者のイメージは変わります。

テキストを動かす簡単な方法はトランジション（アニメーション）を使います。この機能はアプリにより異なりますが、VLLOではテキストを選択した状態で【アニメーション】というボタンをタップすることで簡単に動きを表現できます。テロップをきらりと光らせる表現手法もよく用いられるテクニックです。

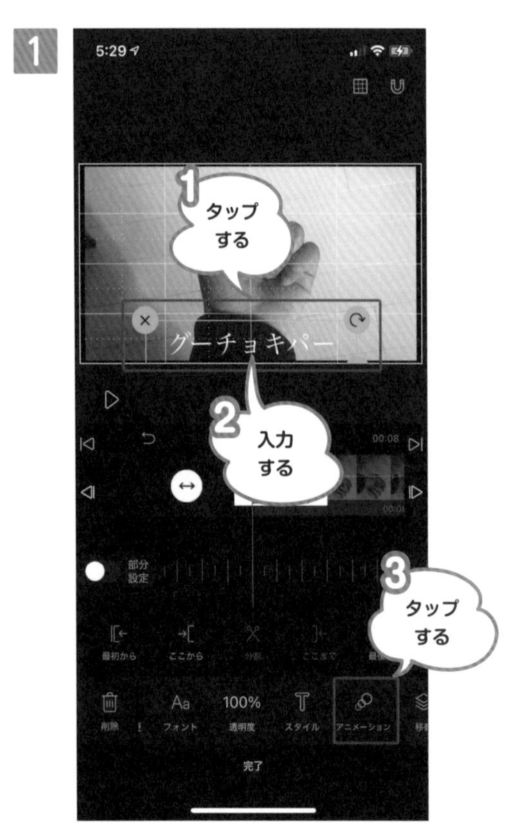

## 慣れてきたら効果音は入れた方がいい

テロップを出すタイミングというのは動画の中で特に重要な部分になってきます。そのテロップを出す瞬間に効果音をつけると効果絶大です。

動画編集アプリには無料で利用できる効果音もたくさん用意されているので慣れてきたら効果的に活用して動画に彩を与えましょう。

### iMOVIEの効果音

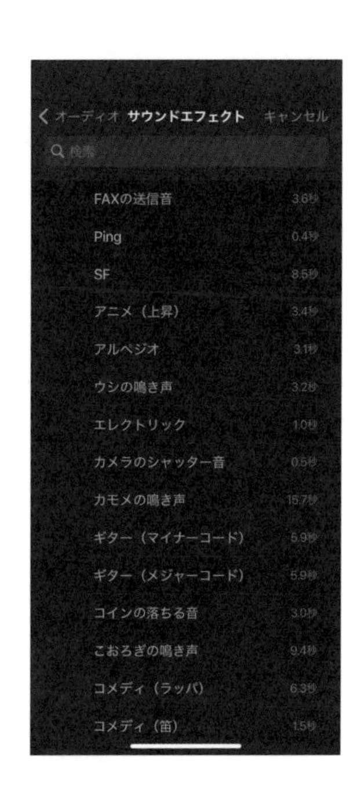


### VLLOの効果音

効果音は著作権フリーです。よって、好きなだけ使えます。しかし、使い過ぎると、逆に効果がなくなりますので、注意しましょう。

## シンプルイズベスト

動くテロップや効果音など同じテロップ表現でもたくさん方法があることを分かってくれたと思います。しかし、これらの手法を使い過ぎたり、使ってみたいだけで無駄に入れるとゴチャゴチャし過ぎて伝わりづらく、動画としての完成度が逆に落ちることがあるので注意しましょう。

プロの映像編集でも動画のつなぎやテロップの表現で主に使うのはフェードインアウトくらいで過度なエフェクトは極力避けて制作します。映像の基本はあくまでシンプルイズベストなのでここ一番！というとき以外はなるべくシンプルにすることをおススメします。

◀テロップの入れ過ぎはダメ

できるだけシンプルな方がいい▶

# タイトルの重要性

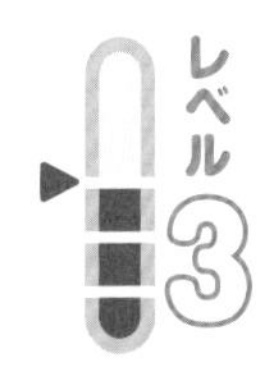


動画を検索したとき、動画を選択する決め手は何ですか？　多くの人は、「タイトル」と答えるでしょう。タイトルには、動画の第一印象を決める重要な役割があります。内容を的確に、しかも簡潔に言い表す必要があります。動画のタイトルには、魅力となるキーワードを織り込みましょう。

## みんなを惹きつけるタイトルをつける

タイトルはサムネイルと同じく自分の動画がどんな内容か一目で分かってもらえるものになります。動画の内容をほのめかしてみたり、視聴者に観てみたいと思ってもらえる魅力的なタイトルをつけるように心掛けましょう。

▲タイトルは、できるだけシンプルな言葉を使って、誰もがイメージしやすいものにするか、逆に、なんのことかすぐには理解できないエッヂの効いたものにするかの、両極端で考えてみましょう

## チャンネルの説明欄（せつめいらん）

チャンネルの説明欄は検索結果にも反映されるので、動画を説明する中心的なキーワードを１～２語決めてから、キーワードを箇条書きにただ並べるのではなく自然な文体で概要を伝えましょう。視聴者にスグにどんなチャンネルか理解してもらうための説明文ですが、スマートフォンやパソコンで視聴者の目に留まるのは最初の数行なので最初の部分がとても重要になります。

また説明欄を使って、動画のチャプター分け（目次）も可能です。

◀スマートフォンでのYouTube検索では写真のようにタイトルのみ表示されます

▲パソコンでのYouTube検索では写真のようにタイトルと説明欄の冒頭が表示されます。
この動画の場合は目次蘭の冒頭部が表示されています

◀５分以内の短い動画なら目次設定の必要はありません。長い動画を観やすくするために目次設定（チャプター分け）が出来ます

目次設定のルール
①時間は必ず半角数字で記入する
②最初は0:00からスタートしてスペース後に書く
③目次（チャプター）は3つ以上を順番に並べる
④一つの目次（チャプター）は10秒以上に設定する
以上が目次設定の方法になりますので参考にしてください

## タイトルよりも動画の内容

タイトルや説明欄の必要性はこれで理解できたと思います。しかしここにこだわり過ぎて投稿することが自体を難しく感じてしまうなら気にしないでください。視聴者が求めているのは動画の内容であって素敵なタイトルだけを探しているわけではありません。

また、タイトルや説明は投稿した後でいくらでも変更できるので、何度も投稿していくうちに自分に適したタイトルの付け方や、説明欄の書き方などが身についてきます。初心者の間は「投稿が伸びなかったらあとから変えよう」という気軽な気持ちでどんどん楽しんで投稿していきましょう。

**1** YouTubeアプリの右下『ライブラリ』から自分の動画をタップ選択し右側⋮3つのボタンをタップ

**2** 『編集』をタップ

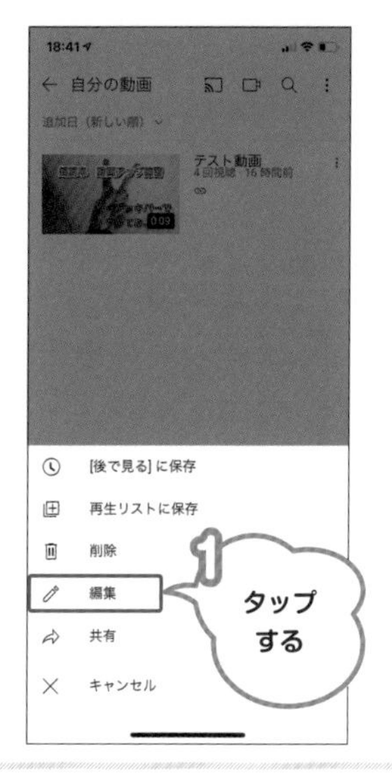


**3** ここでいつでも『タイトル』や『説明欄』等を変更できます

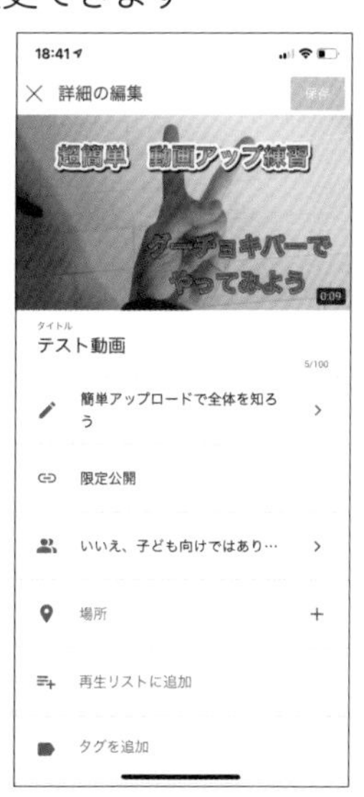


**4** タイトルや説明を入力し、最後に保存を忘れないでください

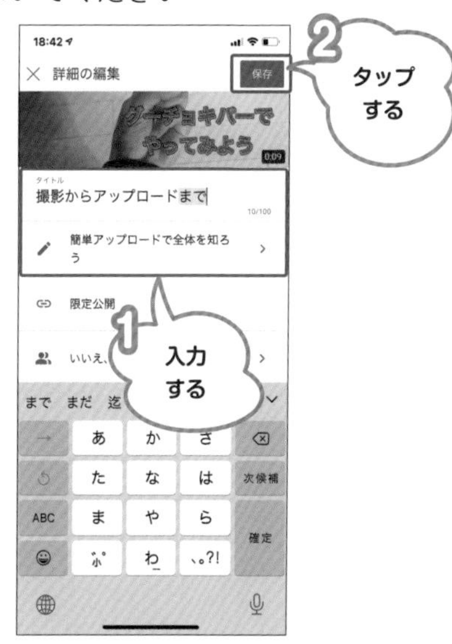

# サムネイルがアクセスの鍵を握ります

再生する動画を決める際に、タイトルと同様に決め手となるのがサムネイルです。サムネイルは、検索結果に表示される小さな画面で、動画の内容を端的に表しています。そのため、インパクトのある画像やテロップが必要となります。何度も投稿して、目立つサムネイルの作り方を身につけましょう。

## サムネイルとは

サムネイルは略してサムネとも呼ばれていて、スペルは『thumb nail』と書き親指の爪という意味です。縮小された画像を表していて、YouTubeでは検索したときに最初に出てくる画面のことを指します。特別にサムネイルを作成しなくてもYouTubeが自動的に動画の中の一部を画像として表示してくれますが、分かりやすいサムネイルを作った方が動画のアクセス数は伸びるので是非覚えてください。

第一印象として動画の内容を一目でわかりやすく伝えることが目的なので、動画の中で一番伝わりやすい部分をスクリーンショットで画像として保存し、その画像にテロップをいれて人目を惹きましょう。

①～②が実際の画像です。ジャンケンのイメージで分かりやすいのはチョキになるのでそれをサムネイルに使います。

## サムネイルを作る際の注意点

観てみたいと思わせるサムネイルを作ることは大切ですが動画の内容とかけ離れていると視聴者はすぐに離脱してしまいます。また動画を観なくても結論が分かってしまう内容のサムネイルは視聴されにくいので注意してください。

まず動画の内容が伝わりやすい画像を使い、視聴者の興味を引くことをテロップに入れましょう。この時タイトルと同じ文言を使いがちですが、視聴者に表示できるせっかくの機会なのに同じ内容が2回表示されるともったいないです。サムネイルにはタイトルと違う言葉を使うことをおススメします。

YouTubeの検索画面で表示されるサムネイルは小さいので、小さい画面でも魅力的でよく見えるようにテロップはできるだけ大きく太い文字ではっきりとした色を使いましょう。

ユーチューバー初心者の方向けには太めのゴシック体がおススメで、文字に縁取りや背景を入れると非常に見やすくなります。サムネイルのサイズはYouTubeの規定で16：9と指定されていますが123ページで紹介する無料アプリを使うと簡単に作れるので安心してください。

## 好きなチャンネルのサムネイルを真似ることから始めよう

自分の好きなチャンネルのサムネイルはどうなっていますか？

太く大きな文字ではっきりわかりやすく作られているか、かわいい文字でおしゃれな感じに仕上げているか、どちらにしても動画の内容が一目でぱっと分かるように作られていると思います。初めから完成度の高いサムネイルを作ることは難しいので好きなチャンネルのサムネイルを真似ることから始めましょう。その際参考にするのは文字の大きさ・太さ・フォント・配色を意識して真似をしてみましょう。

▼サムネイルの実例1

▼サムネイルの実例2

## 自分で作ったサムネイルを表示するには

YouTubeで自分の動画のサムネイルをお気に入りのものに変更するためにはスマートフォンの電話番号を登録したうえでGoogleアカウントの確認が必要です。

Googleアカウントの確認が終わるとサムネイル設定画面で『カスタムサムネイル』というボタンが表示され、そこからお気に入りのサムネイルに変更することが出来るようになります。

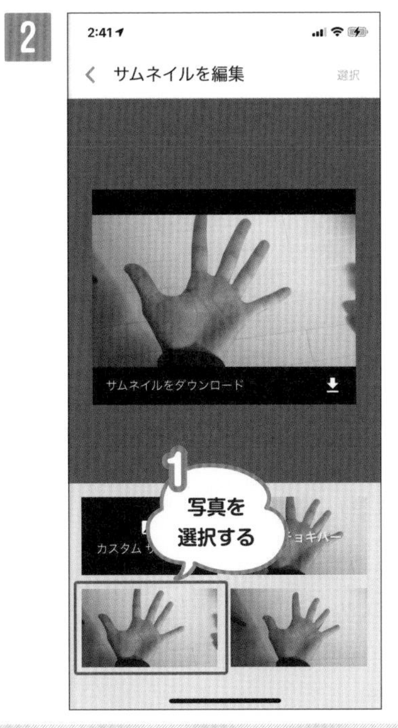

## サムネイル作成用のおススメ無料アプリ

iMOVIEでも簡単なサムネイルをつくることが出来ます。

ただ表現できる機能が少なく1画面に一つのテロップしか挿入できないのでこれからユーチューバーとしてアクセス数を上げたいのであればサムネイル作成のためにもう一つアプリをインストールしてください。本書でおススメするアプリは【Perfect Image】というアプリです。

もちろん無料で使えますのでAppStoreの検索窓に『パーフェクトイメージ』と入力してイラストのアプリを探し入手してください。

VLLOはiMOVIEよりも表現できる機能が多く、ある程度クオリティの高いサムネイルのデザインをつくることが出来ます。

自分の動画の一番最初にサムネイルにしたいテロップなどを入れてデザインし、その画面をスクリーンショットで画像保存しておくと、動画冒頭で内容を伝えることが出来てサムネイル作成の手間も省けるので一挙両得です。

その際冒頭サムネイル用の表示は長くても2～3秒程度で終わらすように注意しましょう。

## iMOVIEでのサムネイル作成手順

**1** iMOVIEアプリを開き、プロジェクトの中からレッスン36で作成したプロジェクトを選択し『編集』をタップ
編集画面でタイムライン上の動画部分をタップします（黄色い部分）
すると下部に写真のようにアイコンが表示されるので『T』（テキスト）をタップします

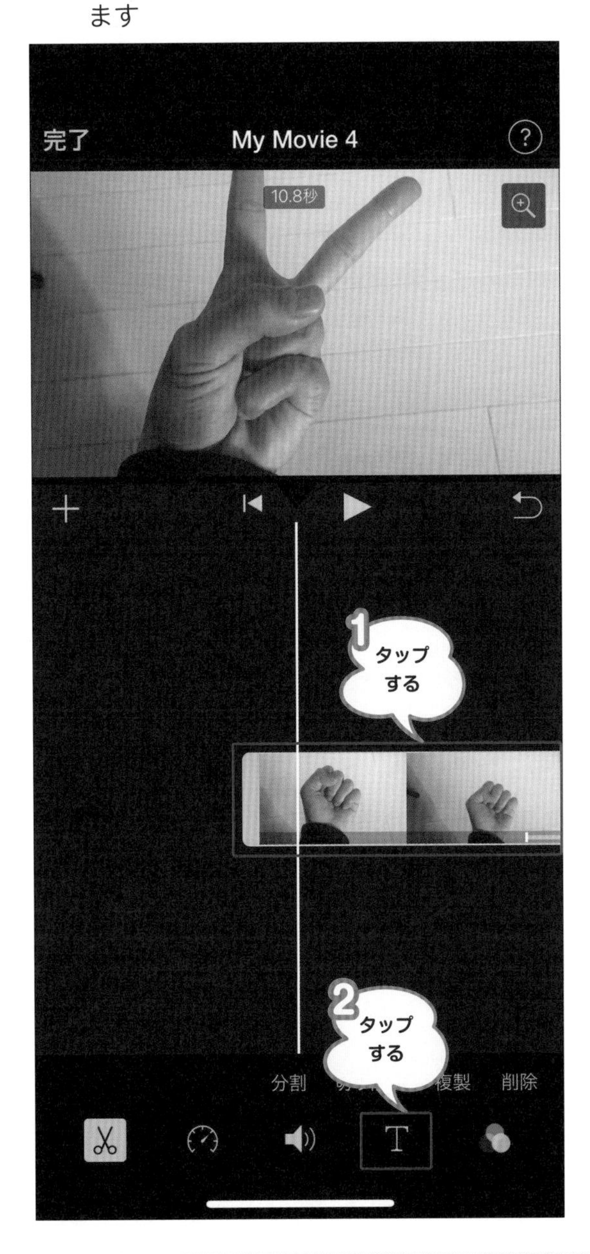


**2** ここで『スプリット』をタップすると画面上部に『タイトルを入力』という画面が表示されます
『タイトルを入力』をタップ→『編集』をタップ

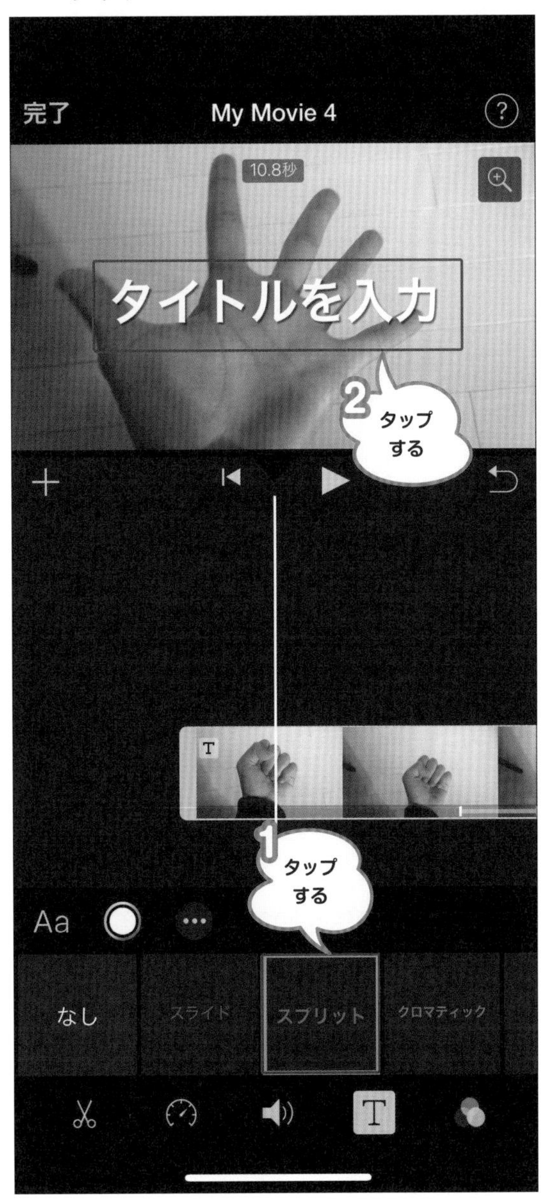

**3** 「超簡単　動画アップ練習」と入力し『完了』をタップ
文字の大きさは2本の指でピンチインアウトして調節できます

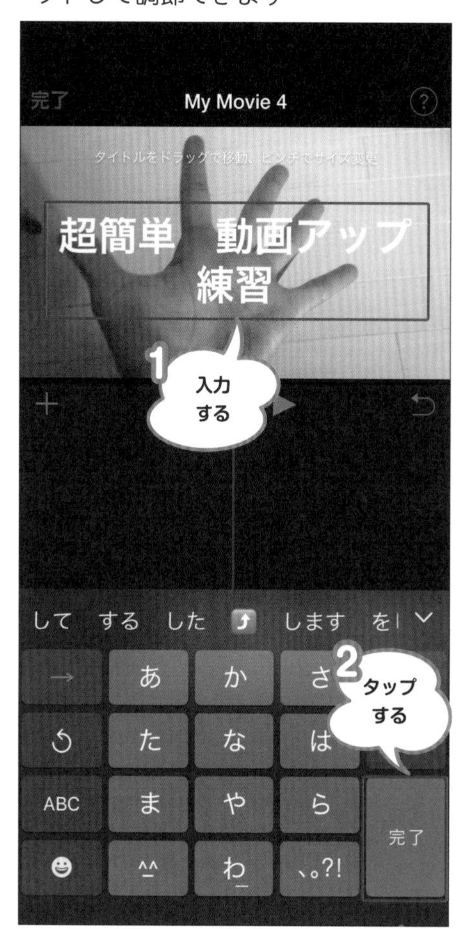


**4** 左上の『完了』をタップすると

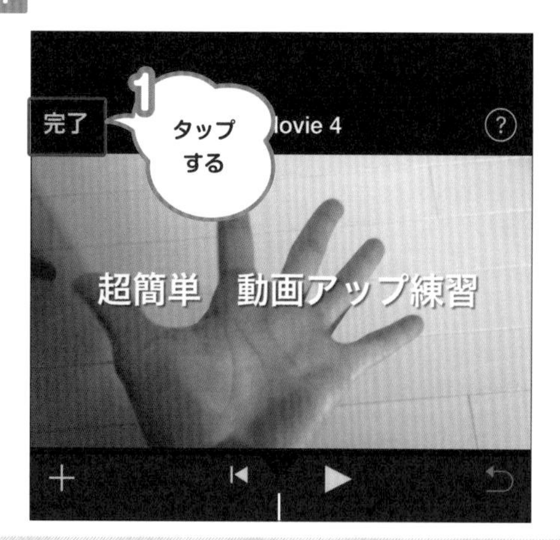


**5** この画面になるので左下にある『右矢印ボタン』をタップするとプレビューされます

**6** 好きな箇所でスクリーンショットを撮るとサムネイル画像が写真アプリ（アンドロイドはギャラリー）に保存されます

**7** iMOVIEでサムネイル完成

## Perfect Imageでのサムネイル作成手順

**1** PerfectImageアプリを開き『筆のマーク』をタップし好きな写真を選択

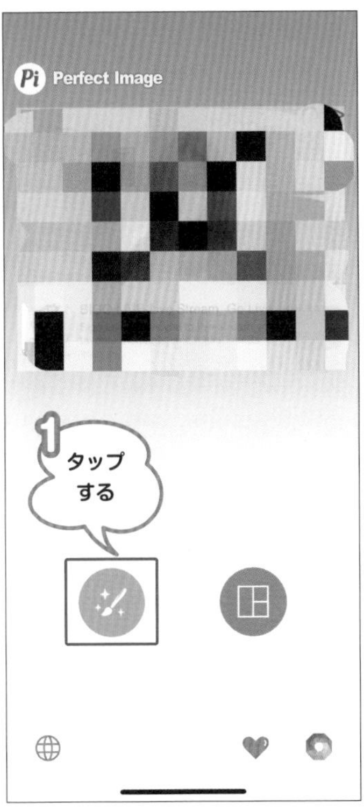


**2** 左下『切り取り』ボタンをタップし

**3** 下段バーを右にスクロールして『16：9』を選択

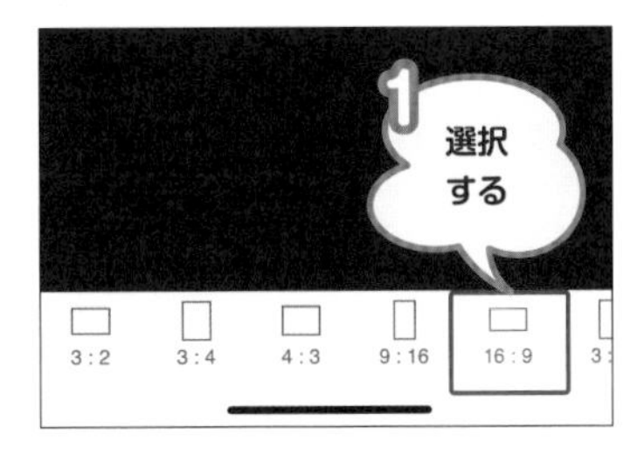


**4** 下部『テキスト』をタップ

**5** 2本の指のピンチインアウトで好きな画角に調整して右上の ✓ ボタンで決定

**6** 画面にテキストボックスが表示されるので『ダブルタップして編集』部をダブルタップ

**7** 「超簡単　動画アップ練習」と入力し右上✓ボタンで確定

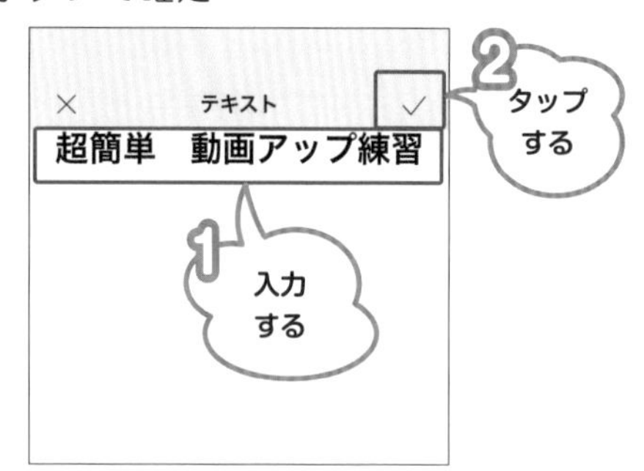


**8** テキストボックスをドラッグして位置を調整、右下の『←→』をドラッグして大きさを調整し下部バーの『エフェクト』をタップ

**9** 『⑥番のテキスト効果』を選択し『完了』をタップ

**10** テキストボックス下部の小さな+1をタップしてコピーを作成
作成したコピーのテキストボックスをダブルタップして

## 11 「グーチョキパーでやってみよう」を入力し右上✓で決定

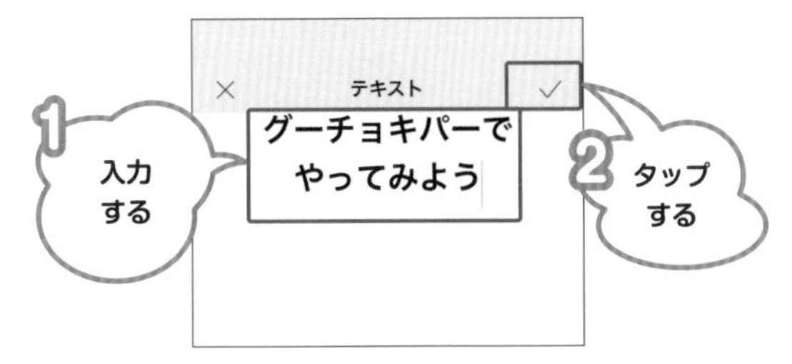


## 12 同様テキストボックスをドラッグして位置を調整、右下の『←→』をドラッグして大きさを調整
下部『エフェクト』をタップし

## 13 『㊱番のテキスト効果』を選択し『完了』をタップ

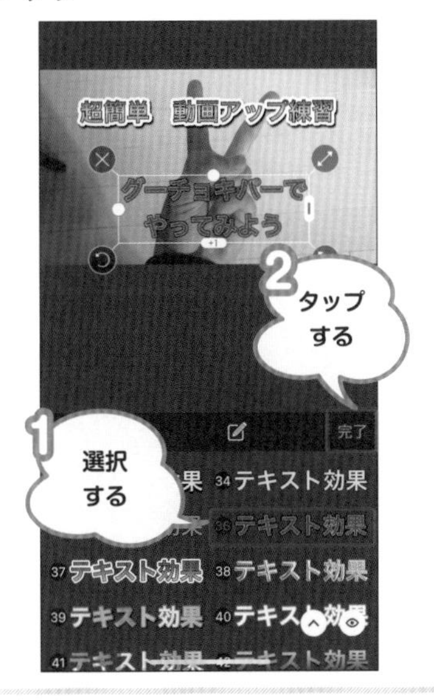


## 14 テキストボックスをドラッグして位置を調整して右上✓をタップし確定

## 15 右上『保存』をタップすると

## 16 サムネイル画像として写真アプリ（アンドロイドはギャラリー）に保存されるので『完了』をタップし終了

## 17 PerfectImageで作成したサムネイル画像

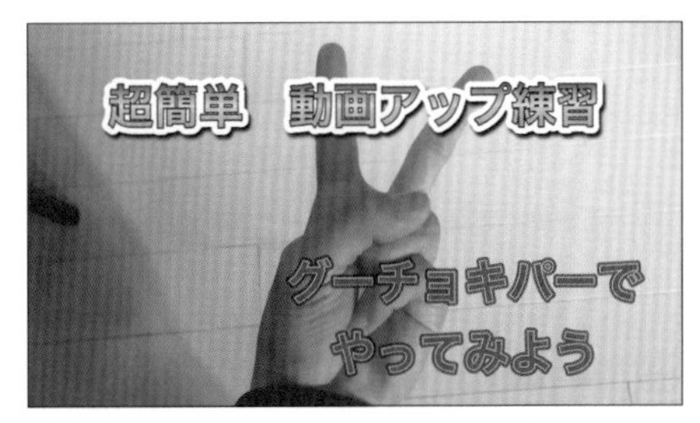

## VLLOでのサムネイル作成手順

**1** VLLOアプリを開きマイプロジェクトの中からレッスン37で作成したプロジェクトを選択

**2** 動画の好きな箇所にタイムライン上の動画をドラッグして移動しレッスン37で作成した「グーチョキパー」をタップし

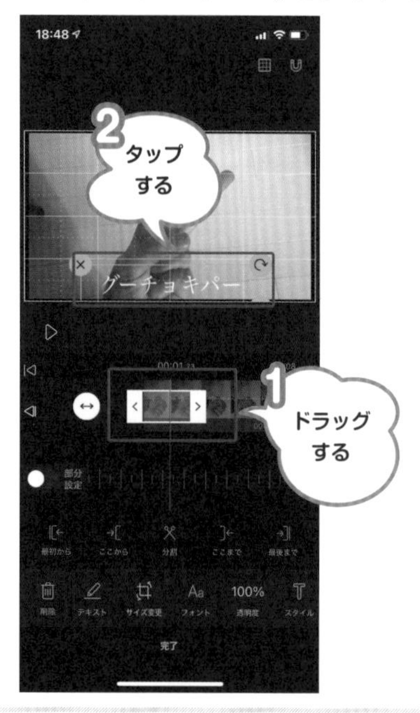


**3** 「グーチョキパーでやってみよう」に書き換え下部『フォント』をタップ

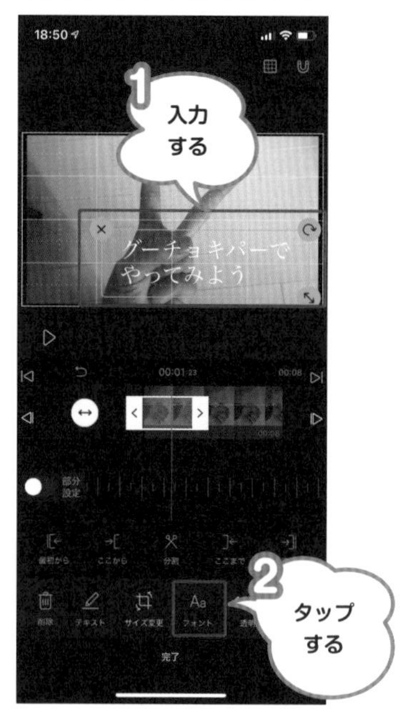


**4** 『ヒラギノ角ゴシック-W7』をタップし『完了』をタップ

**5** 下部バーを右にスクロールして『スタイル』をタップ

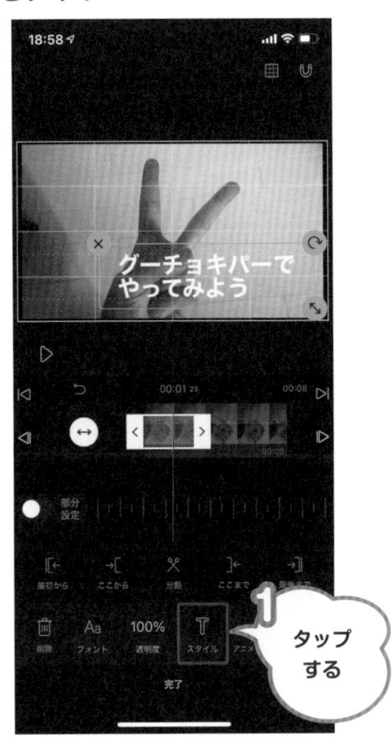


**6** 『文字色』をタップし赤を選択し

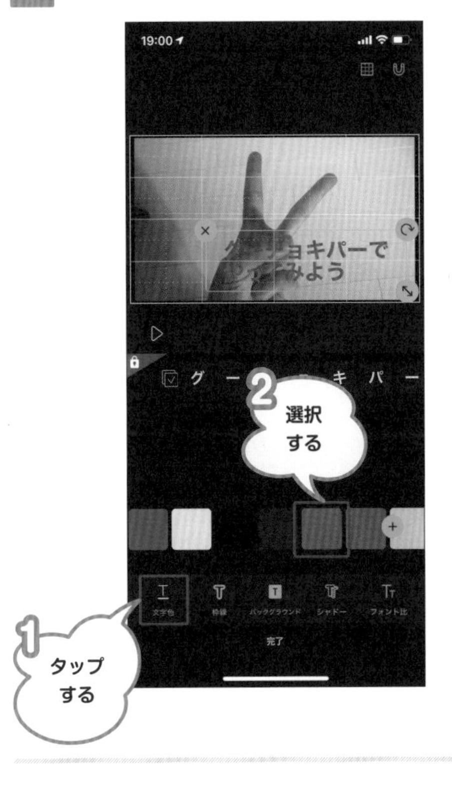


**7** 『枠線』をタップし黒を選択　厚さのバーをドラッグして12.0に設定し『完了』をタップ

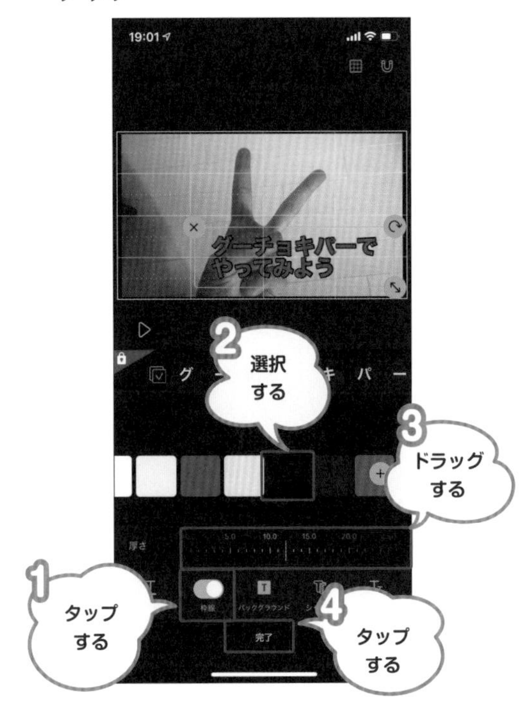


**8** 『テキスト＋』ボタンをタップしもう一つのテロップを作ります

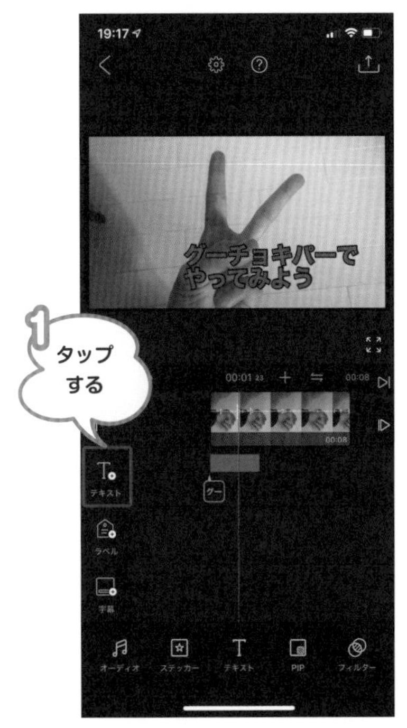

**9** ベーシックの右中段『Text here』をタップし選択する

**10** テキストボックスをドラッグして上部に移動し、ダブルタップしてテキストを編集
「超簡単　動画アップ練習」と入力し ✓ タップし確定

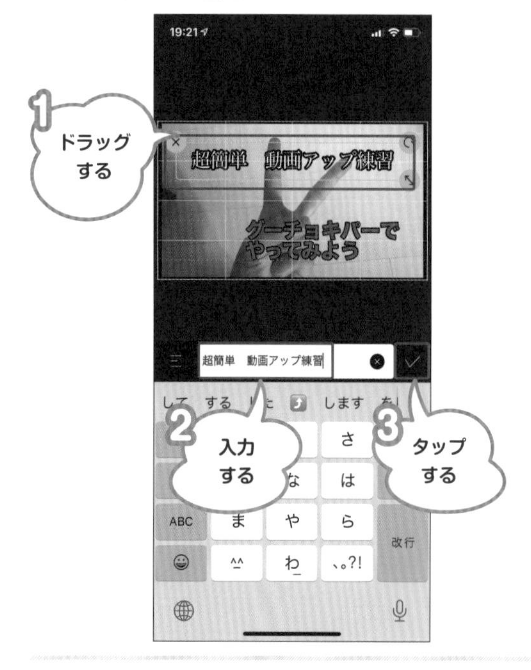


**11** 『フォント』をタップし、同じく『ヒラギノ角ゴシック-W7』をタップし『完了』をタップ

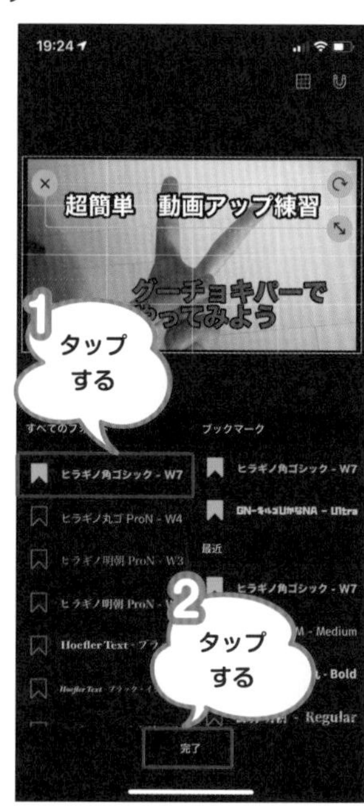


**12** 『スタイル』をタップし、『文字色』を青、『枠線』を白に変更し『完了』

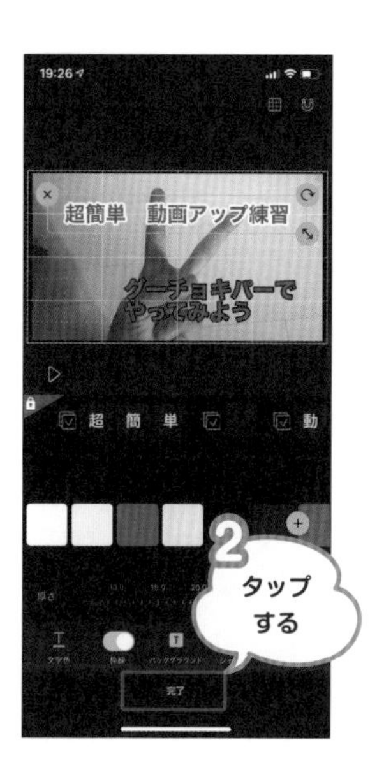


## 13 右中段にある『←4つのボタン』をタップし

## 14 全画面プレビューモードになるので下部タイムバーで好きな箇所に移動

## 15 右上の『□＋ボタン』をタップするとこの画面が写真アプリ（アンドロイドはギャラリー）に保存されサムネイル画像の制作終了

右下の『←4つのボタン』をタップして通常の編集画面に戻り

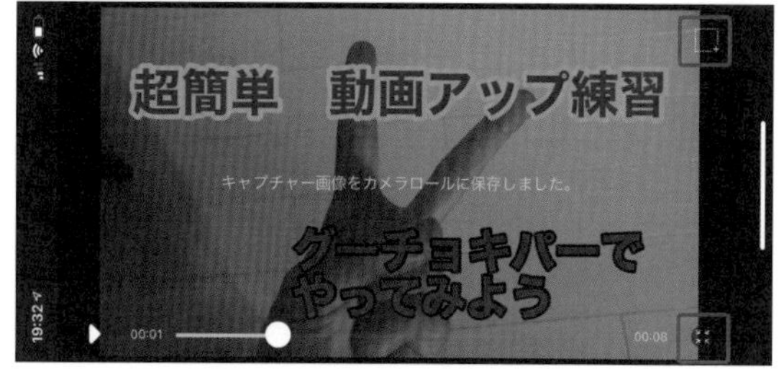


## 16 左上の『←』ボタンをタップしアプリを終了する

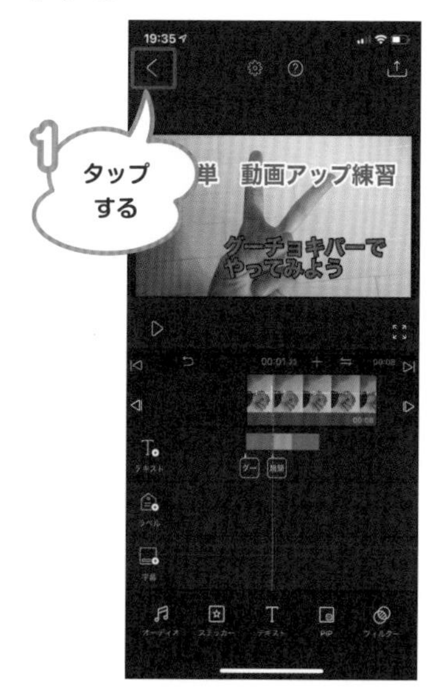


## 17 作成されたサムネイル画像

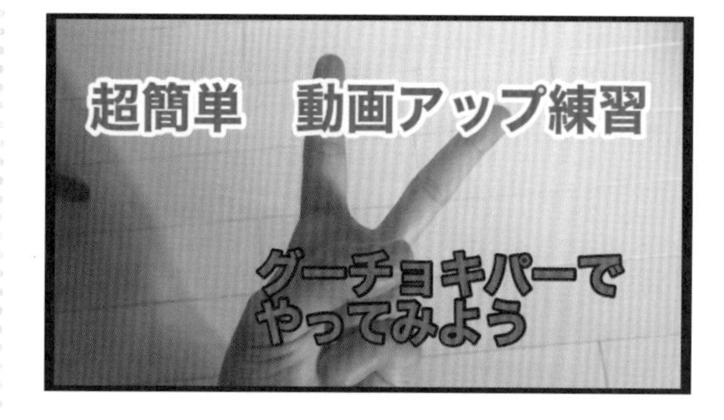

# テーマを統一するのを忘れないで

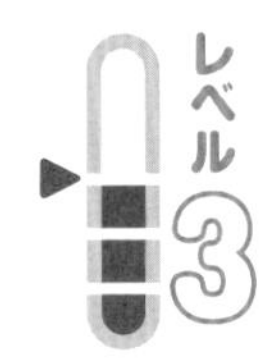


リピーターを獲得するには、一目であなたと分かる工夫をするとよいでしょう。例えば、テロップのフォントの種類とサイズ、色を統一したり、テロップの動きを指定したりします。動画ごとにパターンが決まっていると、視聴者も安心して観られるし、動画の編集時に設定を変更する手間を省けて便利です。

## フォントと色味の統一

ひと目見てあなたのチャンネルだと認識してもらえるようになるにはフォントと色味を統一しておく方が近道です。サムネイルのフォントや大きさが毎回違っていたり、色味が違うと、直感であなたの動画だと認識してもらえません。最初の頃は色んなフォントや色味を試しても構いませんが、続けていくうちに自分のチャンネルに特色を持たせていきたいので、近いうちにフォントと色味を統一していくことを意識して動画やサムネイルを作ってください。

サムネイルのイメージ統一の効果は絶大です。画面の小さいスマートフォンで、その効果が発揮されます。ひと目で、あなたのチャンネルなど分かるようになるまで、根気よく統一していきましょう。

## 3つの柱(はしら)が大切(たいせつ)

これまでにも述べてきた通り、あなたの動画に統一性を持たせるためにも取り扱うテーマは多くても3つまでに絞りましょう。

これはシンプルなようですが初心者に限らず登録者1000人を超えてからも登録者数を増やすためにとても重要なことです。

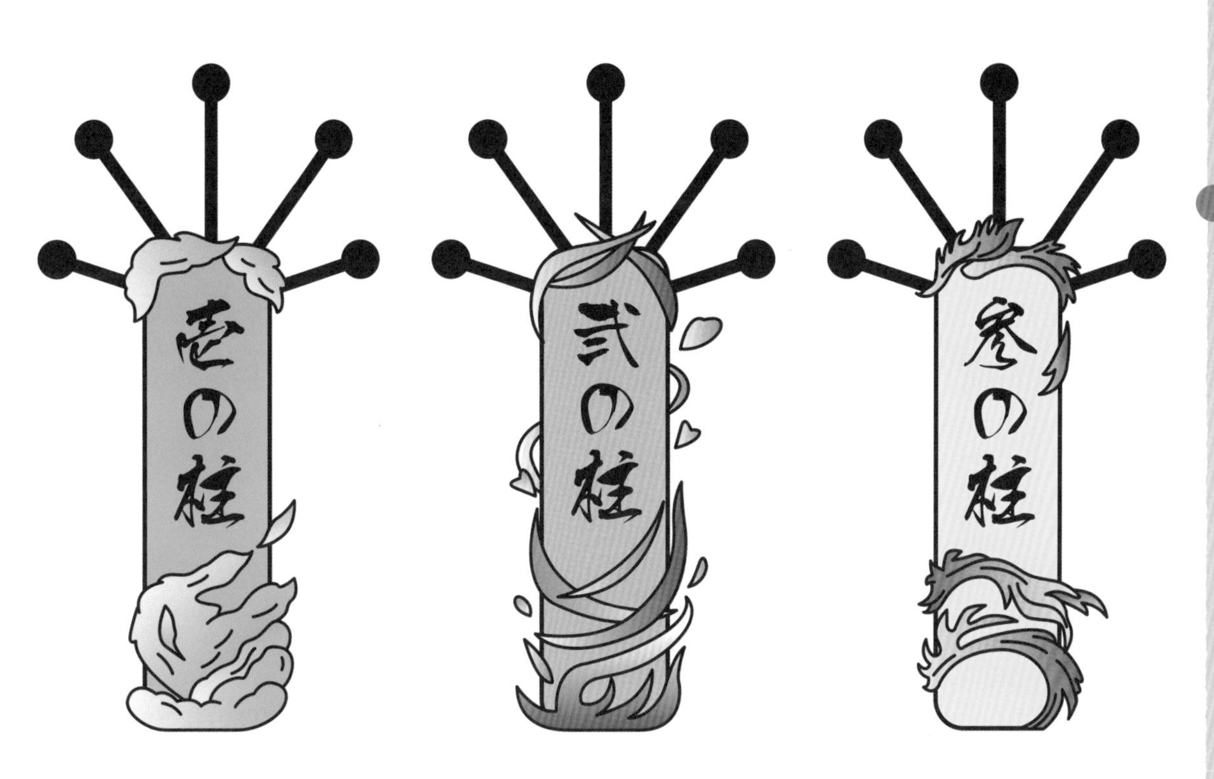

### 人気ユーチューバーを見習いましょう

人気ユーチューバーと言われる人たちも、テーマは最大で3つです。さらに言うと、ほとんどのユーチューバーは、2つのテーマが多いのが現状です。チャンネル登録者数が多い人たちが、テーマを増やさない理由は、テーマを増やすことのデメリットが大きいからです。「このテーマならあのユーチューバーが面白い！」というイメージが、視聴者に浸透させるには、テーマの絞り込みは必須です。よって、初心者レベルのユーチューバーならなおさらテーマの絞り込みが重要です。もちろん、試行錯誤しながら、また、視聴者のコメントなどの反応をみながら、テーマを絞り込んで行くやり方が一番早くテーマが見つかります。

## チャンネルページの整理

視聴者がチャンネル登録してくれる際、観てくれた一つの動画だけでチャンネル登録してもらえることもありますが、多くの場合がチャンネルページを確認してから登録してくれます。チャンネルページとは動画のチャンネル名をタップすると見ることが出来る自分のページのことです。

チャンネルページは、視聴者が登録したくなるページにしておきましょう。主にプロフィールアイコン・チャンネル名・バナー画像（旧名：チャンネルアート）・最新の動画・人気の動画・再生リストで構成されます。基本は、パソコンで編集されますがスマートフォンで編集できる方法もあるので慣れてきたらチャンネルページを綺麗にすることをおススメします。

### チャンネルページの一例

# YouTubeアナリティクスの活用

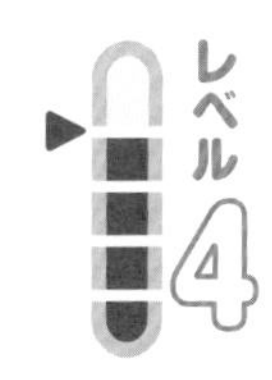


ある程度再生回数が増えて、視聴者数も増えてきたら、視聴者の傾向やアクセスの時間帯などを分析してみましょう。Googleは、「YouTubeアナリティクス」というYouTubeの動画についてのアクセス解析ツールを用意しています。自分の動画の傾向を確認して、次の動画の作成に役立てましょう。

## YouTubeアナリティクスとは

ある程度の再生回数やチャンネル登録者数を獲得すると、自分のYouTubeチャンネルを分析することが重要になってきます。

YouTubeアナリティクスはチャンネルの健康診断のようなものでパターンや傾向を把握し、何をすれば効果があるかなどを見つけることができます。また、視聴者の年齢層・人気のある動画・収益性の高い動画も確認できるので、その後にアクセス数や収益率を上げていくためにはアナリティクスの活用は欠かせません。

細かなアクセス解析のためのデータが見られる

# コメント返信の重要性

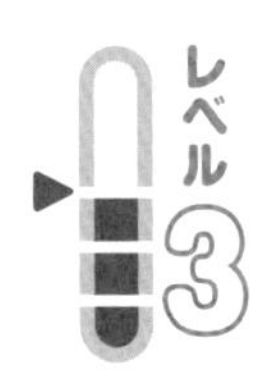


YouTubeには、視聴者とコメントを介して交流できるSNS的な側面があります。動画にコメントが書き込まれたら、できるだけすぐに返事を書き込みましょう。視聴者との交流は、リピーターを増やすことにつながります。また、誹謗中傷が書き込まれた場合の対応を知っておくと気持ちよく活動できます。

## コメントは視聴者の声

自分のチャンネル視聴者とのつながりを大切にするには、コメント欄に記入してくれた方のコメントをじっくり読んでコメント返しや返信をたくさん行いましょう。

特に最初の24時間が大切で最初に観てくれた人たちにできるだけ多く返事をしましょう。なぜなら早く観てくれた視聴者が多くの人に動画をシェアしてくれ、それがさらに多くの視聴者を生み出すというのが通常の流れだからです。

最初のアップロード時に動画をシェアしてもらえればヒットする確率が高まるので、最初の数日は視聴者からもらったコメントを楽しみに待ち、コメントが入ればすぐに返信してつながっていることを伝えてください。きっとあなたの返信を喜んでくれることでしょう。そうすることでその視聴者がシェアしてくれてあなたの動画のリンクがたくさん出回る確率がアップします。

## アンチコメントが来た時の対処法

せっかく視聴者のコメントを楽しみにしているのに誹謗中傷やアンチコメントが来ることもあります。これは多くのユーチューバーの頭を悩ませる問題ですが、どのように対処したらいいかを知っているだけで心が軽くなります。

答えは『1秒で削除』です。

これには理由があります。あなたのチャンネルはあなたの動画を楽しみにしてくれている多くのファンがいます。ただ世の中に絶対や100パーセントということがないようにある程度の規模になると一定数の変な人が発生することは致し方ありません。このような悪質ユーザーに誠実に対応する時間があるなら、本来の応援してくれているファンのために時間を使い知恵を絞った方が自分のためにもファンのためにも得策です。

悪質ユーザーのコメントを削除するにはYouTubeStudioというアプリが必要になります。iPhoneの人はAppStore、androidの人はGooglePlayで『ユーチューブスタジオ』で検索してインストールしてください。

おススメの削除方法はユーザーをチャンネルに表示しないという設定です。この方法で削除すると、一般の視聴者や自分には表示されなくなりますが悪質ユーザーだけに表示され続けるので削除されたことにも気づかれません。しかも指定した悪質ユーザーのコメントはこれからもずっと非表示になるので無用な悩みから解消されます。自分のファンになってくれたユーザーを大切にして動画を投稿していきましょう。

## YouTubeStudioで悪質なコメントを削除する

**1** iPhoneの人はAppStore、androidの人はGooglePlayで『ユーチューブスタジオ』で検索してインストールしてください

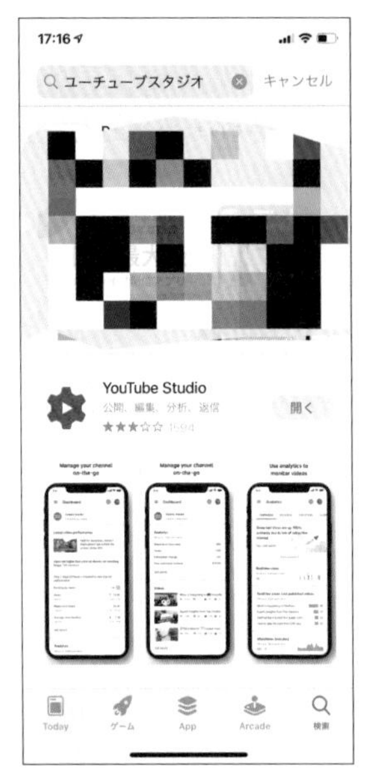


**2** メニューバーから動画をタップ

**3** コメントを削除したい動画をタップし選択

**4** コメント欄の『もっと見る』をタップ

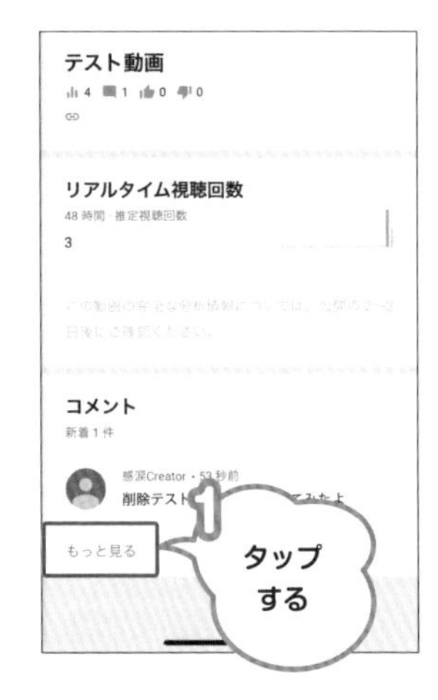


**5** 右側の『…点三つ』のボタンをタップ

**6** 『ユーザーをチャンネルに表示しない』をタップ

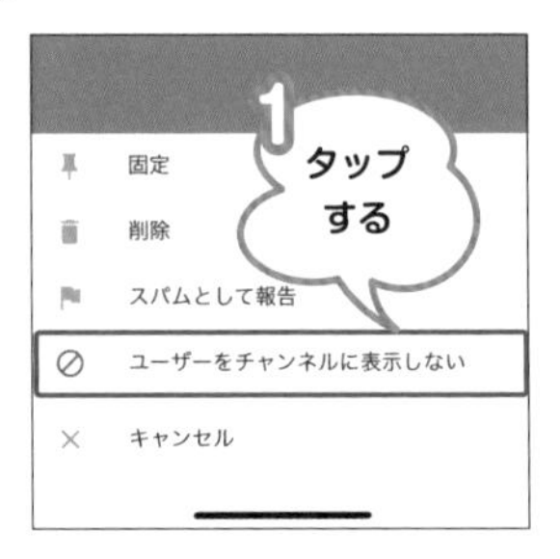


**7** 『ユーザーを非表示にする』をタップ
これで悪質ユーザーのコメントは誰にも見えなくなります

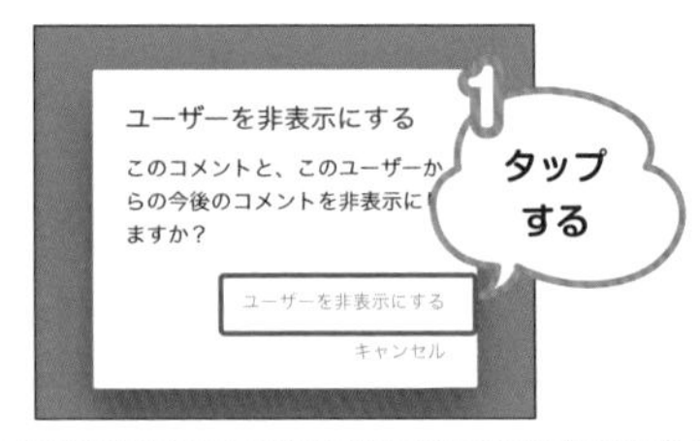

# 人気ユーチューバーと仲良くなるのも大切

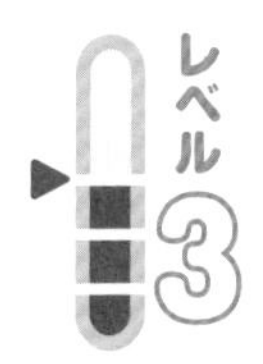


ユーチューバーとしての活動が軌道に乗ってきたら、有名ユーチューバーとコラボしてみましょう。自分の名前や動画を知ってもらえるチャンスになります。Twitterや Instagramなどの SNSを活用して、他のユーチューバーとコミュニケーションを取って、コラボ企画につなげてきましょう。

## 人気ユーチューバーへの大事なステップ

広告収入を得られる条件（登録者1000人総再生時間4000時間）をクリアできたら前述のアナリティクスの活用に加えて人気ユーチューバーと仲良くなりコラボ動画に出してもらうことも有効です。人気ユーチューバーはもともと多くの視聴者がいるのでコラボ出演することで自分の名前やチャンネルを多くの人に知ってもらえるいい機会になります。

人気ユーチューバーと仲良くなるためには、そのユーチューバーの番組をたくさん観てコメントなども書き込みましょう。できれば自分のチャンネルでその有名ユーチューバーの良いところや好きなところを説明する動画を作っておくのもおススメです。

その上でLINEやTwitterなどで個別に連絡をとり、いかにファンであるかを伝えて一生懸命考えたコラボ企画を持ちかけてみると仲良くなれるかもしれません。

この方法で有名ユーチューバーとコラボ企画が実現したことがありました。

大ファンです。
一緒にコラボ企画を
やりませんか？

# YouTubeでやってはいけないこと

YouTubeは、視聴者を傷つけたり、安全を脅かしたりするような動画の投稿を禁止しています。また、暴力を助長したり、法を犯したりするような内容の動画も排除されます。コミュニティガイドラインをよく読んで、YouTubeが禁じている行為を理解し、視聴者が気持ちよく楽しめる動画を作成しましょう。

## YouTubeのマナーとルール

YouTubeは世界中の人々が快適に視聴できるように不適切な投稿は禁止しています。
主な内容は

- スパムと欺瞞行為
- 暴力又は危険なコンテンツ
- デリケートなコンテンツ
- 法的規制品

となっています。

要約すると他人を誹謗中傷したり不快にする動画やなりすまし、子どもの安全を脅かす動画などです。詳しくはYouTube公式のコミュニティガイドラインに記載されています。この本を読んできた小学生ユーチューバーのあなたなら法律違反をしたり人を傷つけることはないと思います。改めてYouTubeは一瞬で世界とつながれる楽しい世界だからこそ、YouTube側がやってはいけないことを決めて悪い人を排除してくれています。

これからユーチューバーとしてデビューするあなたは自分の好きや得意を活かして、たくさんの人の笑顔や喜びの役に立ってください。

# INDEX

## 英字



## あ行



## か行



## さ行



## た・な行



## は・ま行



## や・ら行

# 購読者特典サンプル動画を見る方法

本書の購読者のみなさまには、下記の手順でサンプル動画のURLをダウンロードすることができます。ご利用前に必ず「サンプルについてのご注意」をご参照ください。

## 無料で動画を見たい人は…

●インターネットに接続し
https://www.shuwasystem.co.jp/
にアクセスします

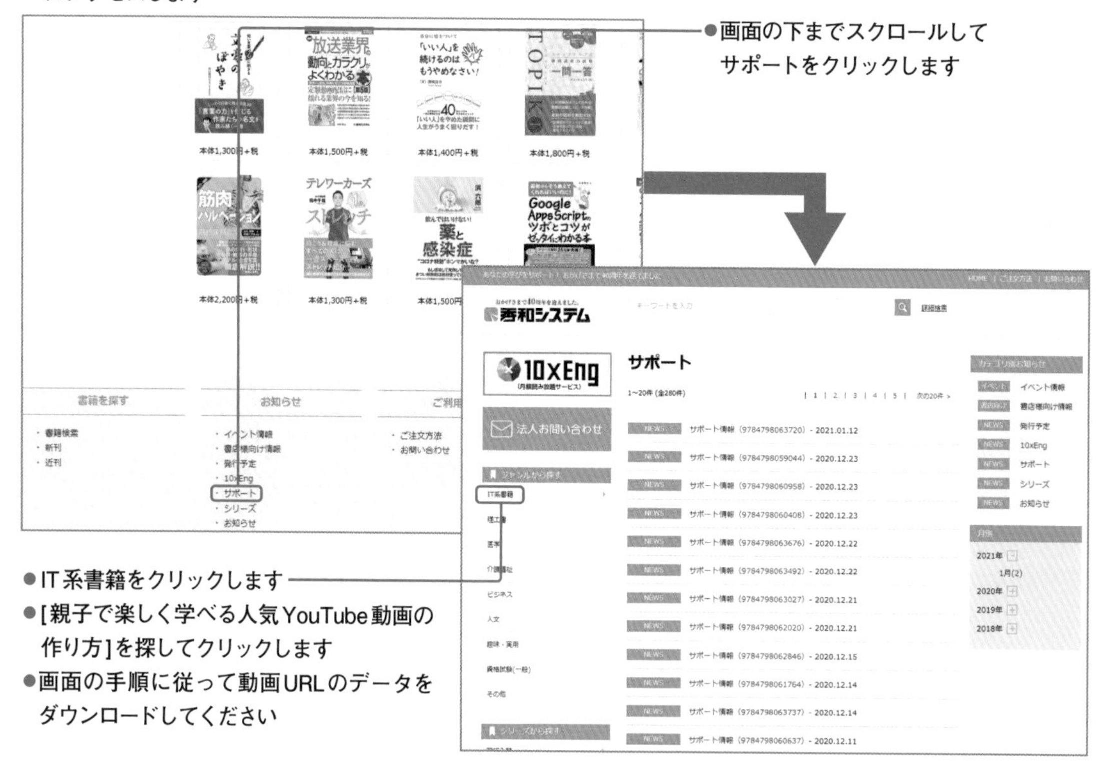

●画面の下までスクロールして
サポートをクリックします

●IT系書籍をクリックします
●[親子で楽しく学べる人気YouTube動画の作り方]を探してクリックします
●画面の手順に従って動画URLのデータをダウンロードしてください

### サンプルデータのご注意

ダウンロードしたデータの利用、または利用したことに関連して生じるデータおよび利益についての被害、すなわち特殊なもの、付随的なもの、間接的なもの、および結果的に生じたいかなる種類の被害、損害に対しての責任は負いかねますのでご承知ください。データの使用方法のご質問にはお答えしかねます。また、ホームページの内容やデザインは、予告なく変更されることがあります。

YouTubeを始める前に、ジャンルを絞り込む作業用にコピーして何度でも使いましょう。

# 好きなこと発見シート

## A:【大切に思っていること】

① あこがれの人は？(実在の人物、マンガや歴史上の人物でも可)

その人の好きなところも書いてみよう

あこがれている人

好きな理由

② 今の世の中に足りないと思うものは？

③ 自分は何を大切にしてそうか周りに聞いてみよう

④ 家族や友達にアドバイスしたり伝えたいことは？

左の答えを自分が大切に思える順に
下の欄に書いてみよう！

| 1位 |
|---|
| 2位 |
| 3位 |
| 4位 |
| 5位 |

※Aの1位をYouTubeチャンネルの目的にすると継続しやすくなる

## B:【得意】

① これまでで一番うれしかった経験は？

② やっていて楽しいのはどんな時？

③ 自分の長所を周りに聞いてみよう

④ 今まででもっとやりたかったことはある？

## C:【情熱】

① 反対されてでも学びたいことは？

② 時間が経つのを忘れるくらい没頭することは？

③ お礼を言いたい人は？

④ 学校や世の中に関して疑問を感じることは？

Bの得意とCの情熱をかけ合わせてYouTubeチャンネルの柱となるジャンルにしてみよう

■装　　丁／斉藤よしのぶ

■イラスト／近藤妙子（nacell）

■ＤＴＰ／金子　中

■執筆協力／吉岡　豊

**■本書で使用しているパソコンについて**

本書では、インターネットやメールを使うことができるスマートフォン・タブレットを想定して手順解説をしています。使用している画面やプログラムの内容は、各メーカーの仕様により一部異なる場合があります。各スマートフォンの固有の機能については、各メーカーのホームページなどをご参照ください。

**■本書の編集にあたり、下記のソフトウェア及び端末を使用いたしました**

・iOS
・Android

OSやその他のバージョン及びエディション、又はお使いの機種の違いによっては、同じ操作をしても画面イメージが異なる場合がありますが、機能や操作に大きな相違はありません。

**■注意**

■著者略歴
山之内　真（やまのうち　まこと）
株式会社IVIS代表取締役

南アフリカ生まれ神戸育ち。兵庫県随一の進学高校に進んだが大病を患い寝たきりとなる。その後、奇跡的に回復したが落ちこぼれの道を歩み大学卒業後会社員として勤め30歳の時に独立。ブライダル映像専門の会社を設立し年商1億円に育て、現在はブライダルをメインに企業VPやプロジェクションマッピング・VR映像・オンラインウェディング・YouTuber指南・企業YouTubeの制作などを手掛ける会社を経営。これまで一流ホテル・結婚式場・ゲストハウスなどで約15年間にわたり10000作品以上の映像制作実績がある。

**親子で楽しく学べる**
**人気YouTube動画の作り方**

発行日 2021年 2月 5日 第1版第1刷

著 者 山之内 真

発行者 斉藤 和邦
発行所 株式会社 秀和システム
〒135-0016
東京都江東区東陽2-4-2 新宮ビル2F
Tel 03-6264-3105（販売）Fax 03-6264-3094
印刷所 図書印刷株式会社 Printed in Japan

ISBN978-4-7980-6303-4 C3055